DER URSPRUNG
DES ZAHLBEGRIFFS

VON

MORITZ PASCH

NEUDRUCK

BERLIN
VERLAG VON JULIUS SPRINGER
1930

ISBN-13:978-3-642-90226-0   e-ISBN-13:978-3-642-92083-7
DOI: 10.1007/978-3-642-92083-7

ALLE RECHTE, INSBESONDERE DAS DER ÜBERSETZUNG
IN FREMDE SPRACHEN, VORBEHALTEN.
COPYRIGHT 1930 BY JULIUS SPRINGER IN BERLIN.

Geleitwort.

Von jeher hat man es ganz besonders in der Mathematik als eine Verpflichtung empfunden, die Fachbegriffe und die zwischen ihnen sich ergebenden Beziehungen möglichst bis zu ihrem Ursprung zurückzuverfolgen. Wenn wir heute in der Mathematik die axiomatische Methode betonen, so ist diese doch dieselbe, die die Denker des Altertums anstrebten, die im Laufe der Zeit verschüttet war und im vorigen Jahrhundert wieder belebt wurde. Die dadurch hervorgerufene Bewegung hatte zunächst die Geometrie zum Gegenstand und übertrug sich allmählich auf die anderen Gebiete der Mathematik. So ist auch der Verfasser des vorliegenden Buches bei seinen axiomatischen Untersuchungen von der Geometrie ausgegangen, um alsdann die dort gewonnenen Einsichten für die Analysis zu verwerten. Durch beharrlichen Ausbau der in meiner „Einleitung in die Differential- und Integralrechnung" (1882) vorbereiteten Auffassung entstanden die „Grundlagen der Analysis" (1909), sowie die näheren Ausführungen in „Veränderliche und Funktion" (1914).

Zuerst die „Grundlagen der Analysis" (im folgenden mit GA bezeichnet): In diesen habe ich eine erste Lösung der Aufgabe, die Zahlenlehre streng axiomatisch aufzubauen, niedergelegt, einer Aufgabe, deren Lösung für die Geometrie den Gegenstand meines Buches „Vorlesungen über neuere Geometrie" (1882)[1] gebildet hatte, während ich den strengen Aufbau der Zahlenlehre durch die ebenfalls 1882 erschienene Einleitung in die Differential- und Integralrechnung vorbereitet hatte. In dieser wird die Lehre von den rationalen Zahlen als gegeben vorausgesetzt; aus ihr entwickle ich streng den Begriff der Irrationalzahlen und die wesentlichsten Begriffe der Infinitesimalrechnung. Bis zum Ursprung hatte ich jedoch die Begriffe der Analysis nicht zurückverfolgt. Dies mußte ich mir nunmehr zur Aufgabe machen, wenn ich zu einem axiomatischen Aufbau der gesamten Analysis gelangen wollte. Nach wiederholt unterbrochenen Versuchen ergab sich mir der Aufbau, den ich in GA dargestellt habe.

Die Begriffe, auf die das Lehrgebäude der Analysis tatsächlich zurückgeht, — ich nenne sie die *Kernbegriffe* — sind von so einfacher Art

---

[1] 2. Auflage, Berlin, Julius Springer 1926.

und so unentbehrlich für alle Denkgebiete, daß ihre grundlegende Bedeutung gerade für das Gebiet der Zahlenlehre übersehen werden konnte.

Die Rolle der Kernbegriffe spielen in GA: Ding, Angabe eines Dinges, Name eines Dinges, früher und später, Folge von Angaben. Dinge und Namen werden einer kurzen, nicht starr axiomatischen Erörterung unterzogen. Dagegen werden die weiteren Kernbegriffe durch *Kernsätze* (dort noch Grundsätze genannt) miteinander verbunden und dadurch der axiomatischen Behandlung zugänglich. An dieses höchst unscheinbare Material knüpfen sich in großer Anzahl Folgerungen unentbehrlichen, aber selbstverständlich erscheinenden Inhalts, Sätze, die hauptsächlich die Anordnungslehre (Grundbegriffe der Kombinatorik) betreffen. Aus den Sätzen über die Anordnungsbegriffe entspringt der Begriff der Zahl in seinem ursprünglichen Umfang (natürliche Zahl) und die dekadische Zahlenbezeichnung (§§ 1 bis 15). Damit ist die entscheidende Arbeit geleistet. Es folgen in GA: Einführung der gebrochenen, der negativen und der irrationalen Zahlen, Rechnen mit diesen Zahlen, Logarithmen, so daß alles, was in dem Buche von 1882 zur vollständigen Begründung der Infinitesimalrechnung vorauszusetzen war, in GA zu finden ist.

Um die Arbeit zu einem Abschluß bringen zu können, hatte ich mich in GA der größten Gedrängtheit der Darstellung und Kürze des Ausdrucks befleißigen müssen, wodurch dem Leser erhebliche Schwierigkeiten verursacht werden. Indem ich es unternahm, Erläuterungen und nähere Ausführungen zu wesentlichen Punkten auszuarbeiten, entstand ein weiteres Buch: Veränderliche und Funktion, 1914 (im folgenden mit VF bezeichnet). Im Eingang dieses Buches werden die Kernbegriffe und Kernsätze ausführlicher als in GA begründet und entwickelt, wobei der Begriff der Folge von Angaben deutlicher als Kernbegriff hervortritt.

Wie oben bemerkt, ist in GA die Hauptarbeit in den ersten 15 Paragraphen geleistet: Die Schaffung der natürlichen Zahlen und ihre dekadische Benennung. Obwohl dieser Abschnitt besonders große Anforderungen an das abstrakte Denken stellt, ist gerade er bei der Ausarbeitung von VF verhältnismäßig wenig berücksichtigt worden. Durch eine ganz neue, sehr eingehende Bearbeitung dieses Stoffes entstand im Jahre 1916 die Abhandlung „Der Ursprung des Zahlbegriffs" (im folgenden mit UZ bezeichnet), die damals nicht als Ganzes veröffentlicht werden konnte. Ein erster Teil wurde im Archiv der Mathematik und Physik 1919, Bd. 28, Heft 1/2, S. 17 bis 33 abgedruckt. Da das Archiv unmittelbar darauf zu erscheinen aufhörte, wurde der Rest in der Mathematischen Zeitschrift 1921, Bd. 11, Heft 1/2, S. 124 bis 156 abgedruckt. Diese Zerstückelung mußte für die Beachtung und das Studium der Abhandlung nachteilig sein. Ich empfand daher den Wunsch, die Abhandlung von neuem zusammenhängend und leicht zugänglich gedruckt zu sehen. In dankenswerter Weise erklärte sich die Verlagsbuchhandlung Julius Springer bereit, den Neudruck zu veranstalten.

In der Neuauflage ist die Arbeit von 1916 unverändert abgedruckt. Es besteht also weiter das Verhältnis zwischen GA §§ 1 bis 15 und UZ. Dabei sind 3 Bestandteile von UZ zu unterscheiden. Ein erster, §§ 1 bis 5 von GA entsprechender, hat durch erheblich größere Ausführlichkeit und durch Einführung anschaulicher Ausdrucksweisen durchsichtigere Formen erhalten. Er handelt von den Anordnungsbegriffen und enthält die unentbehrlichen Hilfsmittel aus der Anordnungslehre, die eine weit strengere Begründung verdient als sie gewöhnlich findet. Ein zweiter Bestandteil enthält — allerdings in geändertem Zusammenhang — Dinge, die auch in GA zu finden sind, so daß auf die betreffenden Stellen von GA verwiesen werden durfte. In den beiden letzten Abschnitten von UZ endlich, nämlich III (Zuordnung zwischen Sammlungen) und IV (die natürlichen Zahlen), ist der Inhalt von GA §§ 6 bis 15 einfach übernommen und auszugsweise wiedergegeben.

Man sieht, daß der zum Ursprung des Zahlbegriffs führende Teil von GA in verschiedenem Maße zu Hilfe genommen werden muß. Doch kann die Tragweite meiner Methode nicht ohne vollständiges Studium von GA und auch von VF gewürdigt werden. Bei den Übergängen von diesen Schriften zu UZ oder umgekehrt, dürfte das Sachverzeichnis, das hier am Schluß beigegeben ist, von Nutzen sein.

Wegen der Schwäche meines Sehvermögens war ich bei der Vorbereitung dieses Neudrucks auf Hilfe angewiesen. Diese leistete mir Herr BERNHARD TEITLER, der sich mit vollem Verständnis in den Gegenstand eingearbeitet hatte.

Gießen, im April 1930.

MORITZ PASCH.

Inhaltsverzeichnis.

	Seite
Einleitung	1
I. Vorbereitende Tatsachen	6
§ 1. Dinge und Eigennamen	6
§ 2. Angaben und Sammelnamen	7
§ 3. Früher und später	8
§ 4. Erstes und Letztes	9
§ 5. Folgerungen	10
§ 6. Zwischen	11
§ 7. Unmittelbares Folgen	13
§ 8. Unmittelbares Vorhergehen	14
§ 9. Möglichkeit von Angaben	16
§ 10. Kette von Geschehnissen	17
§ 11. Rotten von Dingen	18
§ 12. Nachbarrotten	20
§ 13. Abschreiten einer Rotte	22
§ 14. Anwendung auf Sammelnamen	24
§ 15. Beweis durch Abschreiten	26
§ 16. Sammlung von Dingen	27
§ 17. Implizite Definition	29
§ 18. Wirkungen der impliziten Definition	30
§ 19. Anwendungen des Beweises durch Abschreiten	31
§ 20. Abschreiten rückwärts	33
II. Übersicht über die bisherigen Ergebnisse	33
III. Zuordnung zwischen Sammlungen	42
IV. Die natürlichen Zahlen	43
Schlußbetrachtung	48
Sachverzeichnis	50

Einleitung.

Dem Lehrgebäude der Mathematik wird von jeher ein Vertrauen entgegengebracht, das sich nicht auf die bloße innere Folgerichtigkeit beschränkt, sondern sich zum Vertrauen in eine vollkommene Zuverlässigkeit, zum Glauben an die „mathematische Gewißheit" erhebt. Man konnte sich aber nicht damit begnügen, das Bestehen dieses Vertrauens festzustellen; man mußte vielmehr fragen, wie es begründet werden kann. Für den Teil der Mathematik, der sich mit den Gestalten beschäftigt, für die *Geometrie*, wurde die Antwort am frühesten angebahnt und beharrlich gefördert. Man suchte von alters her das ganze Lehrgebäude der Geometrie auf einen *Kern*[1], d. i. eine Sammlung[2] von *Kernsätzen* zurückzuführen. Aus einem Kern von geometrischen Aussagen (Kernsätzen) soll alles, was die Geometrie hervorbringt, abgeleitet werden können, und zwar durch Schlüsse, bei denen außer den Kernsätzen nur die Sätze der Arithmetik, also die Eigenschaften der Zahlen, herangezogen werden dürfen.

Schlüsse aus einem *Stamm*[3] sind aber nur dann ohne Gefahr, wenn die Sicherheit besteht, daß man dabei nicht zu einem Widerspruch zwischen zwei Ergebnissen gelangen kann, m. a. W.: wenn der Stamm *innere Folgerichtigkeit* besitzt, oder — wie ich kurz sagen will — wenn der Stamm *haltbar* ist. Soll also ein gewisser Stamm von geometrischen Aussagen als „Kern" der Geometrie gelten dürfen, so muß die Haltbarkeit dieses Stammes untersucht werden. Die Mittel dazu entnimmt man der „analytischen" Geometrie, die durch geeignete Festsetzungen den geometrischen Begriffen Begriffe der *Zahlenlehre (Arithmetik, Analysis)* zuordnet. Die geometrischen Aussagen verwandeln sich dadurch

---

[1] Im Archiv der Mathematik und Physik 1916, Bd. 24, S. 276 habe ich vorgeschlagen, die „Axiome" in *Kernsätze* zu verdeutschen und die durch sie verknüpften mathematischen Begriffe *Kernbegriffe* zu nennen, weil die Wörter „Grundsätze" und „Grundbegriffe" häufig noch anders verstanden werden. Die Kernsätze für ein Gebiet der Mathematik bilden dann einen *Kern*.

[2] Vgl. wegen dieser Bezeichnung: Abschnitt I der vorliegenden Schrift, § 16.

[3] Unter einem *Stamm* verstehe ich, über den besonderen Fall des Kerns hinausgehend, irgendeine Sammlung von Aussagen, an die Folgerungen angereiht werden. Die einzelnen Aussagen heißen die *Stammsätze* für diese Folgerungen; die in den Stammsätzen vorkommenden Fachbegriffe heißen die *Stammbegriffe*. Siehe: Vorlesungen über neuere Geometrie (erste Ausgabe 1882, zweite 1912), S. 98, auch 2. Auflage 1926, S. 91.

in arithmetische, der zu prüfende geometrische Kern in einen arithmetischen Stamm. Alles hängt jetzt davon ab, ob die dem Stamm angehörigen Sätze, die *Stammsätze*, richtige arithmetische Sätze sind. Sind sie dies, so wird dem Stamm und weiter auch dem vorgelegten geometrischen Kern die Haltbarkeit zuerkannt.

Ohne die Berechtigung dieses Verfahrens hier in allen Teilen begründen zu können, muß ich doch auf *einen* Teil näher eingehen. Wie ich eben sagte, wird dem aus einem geometrischen Kern hergestellten arithmetischen Stamm ohne weiteres die Haltbarkeit zuerkannt, falls die einzelnen arithmetischen Stammsätze sich als richtig erweisen. Ließe sich nämlich aus richtigen Sätzen der Zahlenlehre (aus den erwähnten Stammsätzen allein, oder aus ihnen unter Zuziehung anderer Sätze der Zahlenlehre) ein Widerspruch herleiten, so wäre dies ein Widerspruch innerhalb der Zahlenlehre: ein solcher gilt aber als ausgeschlossen[1]. Hier zeigt sich die Stärke des Glaubens an die Arithmetik, der tiefer wurzelt, als der Glaube an die Geometrie, ja diesem als Stütze dient. Daß aber die Arithmetik die Geometrie stützt, wird nur dadurch ermöglicht, daß man die Geometrie auf einen Kern zurückführt. Will man sich also auch gegenüber der Arithmetik nicht mit dem überlieferten Vertrauen begnügen, sondern eine Begründung dafür suchen, so entsteht die unumgängliche Forderung, *die Arithmetik auf einen Kern zurückzuführen*.

Die Haltbarkeit der Geometrie hat man als bewiesen zu betrachten, wenn man die Haltbarkeit ihres Kerns bewiesen hat. Ebenso muß man die — in der Geometrie vorweggenommene — Haltbarkeit der Arithmetik anerkennen, wenn man die Haltbarkeit ihres Kerns anerkannt hat. Während aber für die Untersuchung der Geometrie ein Hilfsmittel zu Gebote stand, nämlich die Arithmetik, so steht ein solches Hilfsmittel für die Arithmetik selbst nicht zu Gebote; hinter die Arithmetik, diese Grundwissenschaft aller Mathematik, können wir eben nicht zurückgehen. *Wir sind in der Arithmetik darauf angewiesen, ihren Kern aus sich heraus zu beurteilen.*

Daraus ergibt sich die Richtschnur, der man beim Aufdecken der Kernsätze der Arithmetik folgen muß. Glaubt man, Begriffe wie den der Menge oder den der Zahl, die erst im Lauf einer langen Entwicklung ihre ursprüngliche Bedeutung zur heutigen erweitert haben, als Kernbegriffe zulassen und einen Kern aus Aussagen zusammenstellen zu können, in die diese Begriffe schon in ihrer vollen heutigen Bedeutung

---

[1] Siehe hierzu die akademische Festrede: Über den Bildungswert der Mathematik. Gießen 1894, S. 17; auch: Grundlagen der Analysis, 1909, S. 134.

eingehen, so würde doch ein solcher Kern keinen Aufschluß geben über die Quelle, aus der die Arithmetik fließt[1]. Nur dadurch aber, daß man die Arithmetik bis zu ihrer Quelle zurückverfolgt, kann man Kernsätze zu gewinnen hoffen, die mit der Eigenschaft der Unentbehrlichkeit die der äußersten Einfachheit verbinden.

Aber nicht erst dadurch, daß man für die innere Folgerichtigkeit der Geometrie eine Begründung suchen muß, wird es zur Notwendigkeit, die innere Folgerichtigkeit der Zahlenlehre zu prüfen; vielmehr ist dies schon um der Zahlenlehre selbst willen geboten. Wenn es für die Zahlenlehre, wie für die gesamte mathematische Forschung, als ein Gebot gilt, daß sie rein deduktiv vorgehen soll und sich jederzeit nur auf ausgesprochene und anerkannte Beweisgründe stützen darf, so muß dieses Gebot vor allem in der Zahlenlehre auch für die darstellende Arbeit maßgebend sein. Der Darstellende muß demnach seine Arbeit dadurch vorbereiten, daß er in dem Überlieferten alle Lücken zu erspähen sucht. Er stößt dann zum Teil auf Lücken, die aus dem Überlieferten selbst ergänzt werden können. Diese sind für seine Aufgabe nicht die wesentlichen. Wesentlich sind vielmehr die Lücken, die auf einen im Überlieferten nur unbewußt benutzten Beweisgrund hindeuten. Diese Beweisgründe müssen ohne Ausnahme zutage gefördert und geprüft werden. Ist auf solchem Wege ein in sich vollständiger Stoff geschaffen, dann — aber nur dann — kann ein Urteil darüber gewonnen werden, aus welchem Kern die Zahlenlehre herauswächst, und weshalb wir diesen Kern als einen haltbaren Stamm anerkennen müssen.

Daß Darstellungen, die den dargelegten Forderungen nicht restlos genügen, sondern — bewußt oder unbewußt — vor irgendwelchen Schranken stehen bleiben, dennoch zu befriedigen vermögen, ist eine lehrreiche Tatsache.

Wer jedoch, indem er die Arithmetik durchmustert, sich jederzeit die obigen Forderungen gegenwärtig hält, dem kann nicht entgehen, wie mangelhaft in logischer Hinsicht ganz besonders die Kombinatorik überliefert wird, und wie die Unklarheit bezüglich der kombinatorischen Begriffe auf die Darstellung der Analysis überall einwirkt. So ergibt sich als eine erste Aufgabe: die Begriffe und Aussagen zu zergliedern, die sich auf „Reihenfolge" beziehen, und daraus geeignete Begriffe und Aussagen als *Kernbegriffe* und *Kernsätze* herauszuheben. Indem ich zunächst für diese Aufgabe eine Lösung anstrebte, erkannte ich, daß ein

---

[1] Ein lediglich aus solchen Aussagen zusammengestellter Kern wäre überdies *für sich* als Kern der Arithmetik nicht ausreichend. Denn aus den alsbald zu erörternden Gründen müßten *auch dann* die auf die kombinatorischen Begriffe bezüglichen Kernsätze und Lehrsätze aufgedeckt und bearbeitet werden.

zur Lösung dienender Kern von entscheidender Bedeutung werden muß; er wird ein Kern für die gesamte Arithmetik, also eine Quelle, aus der diese hergeleitet werden kann, ohne daß weitere Begriffe oder Sätze hinzuzutreten brauchen.

Dieses Ergebnis habe ich in dem Buche: Grundlagen der Analysis, 1909 (ausgearbeitet 1904—1907), in vollständiger Ausführung, aber gedrängter Fassung dargelegt, in einem zweiten Buche: Veränderliche und Funktion, 1914, eingehend erläutert und weiter ausgebaut. Die maßgebende Arbeit ist in den §§ 1—15 des ersten Buches geleistet. Dieser Abschnitt beginnt mit den Kernsätzen (dort noch *Grundsätze* genannt) und führt von den Kernbegriffen stufenweise zu den natürlichen Zahlen hin, für die schließlich die dekadischen Namen gewonnen werden. Damit ist ein gewisser Abschluß erreicht und für alles Weitere der Boden geebnet. Daß dabei die natürlichen Zahlen nicht unvermittelt auftreten, sondern erst auf einem langen und nicht mühelosen Wege erreicht werden, steht freilich in entschiedenem Gegensatz zu dem Herkommen, wonach die natürlichen Zahlen mehr oder weniger unvermittelt an den Eingang gestellt werden. Wenn die Bearbeiter der Analysis noch in der neuesten Zeit diesem Herkommen folgen zu dürfen glauben, so bestärkt schon das trotzdem erhebliche Auseinandergehen ihrer Ansichten den Zweifel, ob ein solcher Aufbau die Ansprüche der Logik befriedigen kann.

Auch nach den Zusätzen von 1914 hat sich meine Darstellung von 1909 als zu knapp erwiesen. Ich habe deshalb den ersten Abschnitt, den ich vorhin als den maßgebenden bezeichnete, von Grund auf neu bearbeitet. Ich hoffe, daß die neue Gestalt, in der ich den Gegenstand nunmehr vorlege, ihn einem allgemeinen Verständnis zugänglich machen wird.

Die neue, alle Einzelheiten vor Augen führende Darstellung soll überdies das Bedürfnis befriedigen, von dem wir hier ausgegangen waren: sie soll ein Urteil über die innere Folgerichtigkeit der Zahlenlehre ermöglichen. Ein solches Urteil hat sich nur mit den Kernsätzen zu befassen. Was aber die im folgenden aufgestellten Kernsätze aussagen, ist unentbehrlich nicht bloß für den Aufbau der Arithmetik und überhaupt für die Mathematik, sondern weit über deren Grenzen hinaus. Denn diese Vorstellungen zeigen sich allerwärts in unseren Schlußketten, oder sie schieben sich zwischen die Glieder unserer Schlußketten, jedoch, wegen ihrer äußersten Einfachheit, ohne in das Bewußtsein zu dringen und beachtet zu werden. Was in jenen Kernsätzen niedergelegt ist, können wir also nicht ausschalten; den Inhalt der Kernsätze haben wir in uns aufgenommen, als wir Erfahrung bildeten und sprachlich festlegten.

Bekennen wir uns aber zu diesem Inhalt, so sind alle Folgerungen, die daraus durch noch so verwickelte Schlüsse hergeleitet werden, für uns bindend. Damit stellen wir uns auf den Boden, *daß diese Folgerungen miteinander nicht in Widerspruch geraten können*.

Dies sind die Erwägungen, aus denen die Berechtigung fließt, den Stamm, den die auf den folgenden Blättern verzeichneten Kernsätze der Arithmetik bilden, für widerspruchsfrei oder „haltbar" zu erklären, somit der ganzen Arithmetik innere Folgerichtigkeit zuzuerkennen und die Arithmetik für die Geometrie oder andere Gebiete zum Nachweis innerer Folgerichtigkeit zu benutzen.

I. Vorbereitende Tatsachen.

§ 1. Dinge und Eigennamen.

1. Der Gedankengang, der hier vorgeführt werden soll, ist von der Art, daß er sich in jedem Menschen entwickeln kann, wenn dieser Mensch erstens nur die *Dinge* berücksichtigt, die er selbst wahrnimmt und als voneinander gesonderte beobachtet, und wenn er sich zweitens unbegrenztes Leben und unbegrenztes Gedächtnis zutraut.

Zu den von dem Menschen beobachteten Dingen gehören auch seine eigenen Handlungen.

Wegen der Wirkung der obigen Voraussetzungen sei auf § 3 Nr. 8 und 10 verwiesen.

2. Ich — dieser Mensch — kann einem beliebigen Ding einen Namen als *Eigennamen* erteilen, d. h. als einen Namen, der jenes Ding *bedeutet* und kein anderes. Als Eigenname eines Dinges dient mir entweder ein „Dingwort", das ich als Eigennamen dieses Dinges dem Sprachschatz entnehme oder ihm zuführe, oder eine einem Dingwort gleichzuachtende Wortverbindung, oder endlich ein beliebiges Lautgebilde, das ich als Eigennamen jenes Dinges wähle und wie ein Dingwort behandle.

Der Eigenname eines Dinges ist selbst ein Ding, und zwar ein von jenem Ding verschiedenes. Überhaupt gilt mir alles als ein Ding, was ich mit einem Dingwort oder einer einem Dingwort gleichzuachtenden Wortverbindung bezeichnen kann und darf.

Habe ich einem Ding den Eigennamen α erteilt, so nenne ich jenes Ding *die Bedeutung des Namens* α, *den Besitzer des Namens* α, das Ding mit dem Namen α, das Ding des Namens α. Im gegenwärtigen Zusammenhang durfte statt „Eigenname" einfach „Name" stehen. In der Regel sage ich kurz: das Ding α, oder noch kürzer: α. Wo auch der Name selbst als Ding in Betracht kommt, ist diese Kürze unzulässig.

Den Namen, den ich einem Ding erteilt habe, kann ich zu beliebiger Zeit für erloschen erklären. Bis dies geschieht, gilt der Name. Siehe hierzu die Anmerkung in § 8 Nr. 28.

3. Oft wird einem Ding, dem bereits ein Eigenname erteilt ist, aus Zweckmäßigkeitsgründen noch ein anderer Eigenname erteilt. Dies kann für dasselbe Ding beliebig wiederholt werden. Solche Namen, die das-

selbe Ding zur Bedeutung haben (Nr. 2), heißen *gleichbedeutend*. Siehe hierzu die Anmerkung in § 12 Nr. 48.

So kann z. B. einem Ding, das bereits den Eigennamen $\varkappa$ hat, noch der Eigenname λ beigelegt werden; die Namen $\varkappa$ und λ sind dann gleichbedeutend. Wird ebenso dem Ding, das den Eigennamen λ hat, noch der Eigenname μ beigelegt, wodurch auch die Namen λ und μ gleichbedeutend werden, so ist sowohl $\varkappa$ als auch μ Eigenname des Dinges λ. Also:

Sind die Eigennamen $\varkappa$ und λ gleichbedeutend, ebenso die Eigennamen λ und μ, so sind auch die Eigennamen $\varkappa$ und μ gleichbedeutend.

§ 2. Angaben und Sammelnamen.

4. Ich kann ein beliebiges Ding *angeben*. Dies geschieht durch einen Hinweis oder geradezu mittels eines Eigennamens. Die *Angabe* eines Dinges ist ein *Geschehnis*. Gemäß § 1 Nr. 2 ist die Angabe eines Dinges selbst ein Ding, überhaupt jedes Geschehnis ein Ding. Die Angabe eines Dinges ist ein von dem angegebenen Ding und seinen Eigennamen verschiedenes Ding.

Jede Angabe bezieht sich nur auf ein einziges Ding. Ist a eine Angabe des Dinges α, so nenne ich α den *Gegenstand der Angabe a*, das Ding der Angabe a.

5. Habe ich ein Ding angegeben, so kann ich dasselbe Ding abermals angeben. Dies kann für dasselbe Ding beliebig wiederholt werden.

Es können demnach verschiedene Angaben sich auf denselben Gegenstand beziehen. Solche Angaben bleiben aber verschiedene Dinge. Jede Angabe für sich ist als ein Geschehnis festgelegt.

6. Für Dinge, die ich angegeben habe, kann ich einen Namen als *Sammelnamen*[1] einführen, d. h. als einen Namen, der jene Dinge bedeutet und keine andern. Für die Wahl des Sammelnamens gilt dasselbe, wie nach § 1 Nr. 2 für die Wahl des Eigennamens. Der Sammelname für angegebene Dinge ist ein von diesen Dingen, sowie von ihren Eigennamen und Angaben verschiedenes Ding.

Habe ich für irgendwelche Dinge einen Sammelnamen C eingeführt, so nenne ich jedes von ihnen *eine Bedeutung des Namens C, einen Träger des Namens C*, ein Ding mit dem Namen C, ein Ding des Namens C. Im gegenwärtigen Zusammenhang durfte statt „Sammelname" einfach

---

[1] In „Grundlagen der Analysis" § 1 habe ich jeden Namen, der verschiedene Dinge bezeichnet, einen *Gemeinnamen* genannt. Danach ist beispielsweise das Wort „Geschehnis" ein Gemeinname; dieser umfaßt jedoch außer Vergangenem auch alles Zukünftige, also keineswegs nur Dinge, die angegeben sind. Für den Fall eines Gemeinnamens, dessen Träger sämtlich angegeben sind, benutze ich hier die Bezeichnung „Sammelnamen".

„Name" stehen. In der Regel sage ich kurz: ein Ding C, oder noch kürzer: ein $\dot{C}$.

Auch den Sammelnamen kann ich zu beliebiger Zeit für erloschen erklären. Bis dies geschieht, gilt der Name. Vgl. § 1 Nr. 2.

7. Habe ich für irgendwelche Dinge einen Sammelnamen eingeführt, so kann ich für dieselben Dinge noch einen andern Sammelnamen einführen. Dies kann für dieselben Dinge beliebig wiederholt werden. Vgl. § 1 Nr. 3.

Sind die Sammelnamen D und E *gleichbedeutend*, ebenso die Sammelnamen E und F, so sind auch die Sammelnamen D und F gleichbedeutend. Vgl. ebenfalls § 1 Nr. 3.

§ 3. Früher und später.

8. Der Gedankengang, der hier entwickelt wird (siehe § 1 Nr. 1), kennt keine gleichzeitigen Geschehnisse. Ist also a ein Geschehnis, b ein anderes, so ist das eine dem andern vorangegangen; ich nenne jenes das *frühere*, dieses das *spätere*.

Insbesondere sei a eine Angabe eines Dinges, b ebenfalls. Dann sind (§ 2 Nr. 5) a und b nicht bloß verschiedene Dinge, wenn der Gegenstand der Angabe a ein anderer ist als der der Angabe b, sondern auch, wenn a und b Angaben eines und desselben Dinges sind. Nach Absatz 1 bin ich immer imstande, eine als frühere zu bezeichnen, und zwar habe ich die Wahl zwischen den Urteilen: a ist die frühere, b ist die frühere; oder, nach dem Sprachgebrauch: a ist früher als b, b ist früher als a. Für eines dieser Urteile entscheide ich mich und verwerfe damit das andere.

9. Erkenne ich a als das frühere der Geschehnisse a und b, so ist b gemäß Nr. 8 Absatz 1 das spätere, b später als a. Ich kann also gemäß Nr. 8 Absatz 2 jetzt auch sagen: Ich habe die Wahl zwischen den Urteilen: a ist das spätere, b ist das spätere. Für eines dieser Urteile entscheide ich mich und verwerfe damit das andere.

Erkenne ich b als das spätere der Geschehnisse a und b, so ist a das frühere, a früher als b.

Der Sprachgebrauch stellt noch andere Wendungen zur Verfügung: a ist *vor* b geschehen, a liegt vor b, a geht b voran; b ist *nach* a geschehen, b liegt nach a, b folgt auf a.

10. Wie in § 2 Nr. 6 sei C ein Sammelname für irgendwelche Dinge. Voraussetzung dafür war, daß diese Dinge angegeben sind. Die Angaben, durch die dies geschehen ist, belege ich mit dem Sammelnamen A.

Die Angaben A der Dinge C gehören zu dem, was ich erlebt habe, zu meinen Geschehnissen. Ich habe aber beobachtet, daß es nach jedem Geschehnis mir möglich war, Neues zu erleben und schon dadurch neue Dinge kennenzulernen. Diese Beobachtung führt mich zu der Zuversicht, daß eine derartige Möglichkeit auch nach jedem *zukünftigen* Geschehnis bestehen wird. Ich halte es demgemäß für sicher, daß ich nach irgendwelchen Angaben A irgendwelcher Dinge C imstande sein werde, ein Ding anzugeben, das nicht unter den Sammelnamen C fällt. Bei dieser Zuversicht macht sich die zweite der in § 1 Nr. 1 gemachten Voraussetzungen geltend.

Der eben geschilderte Vorgang liegt meiner Betrachtung von Anfang an zugrunde. Ich weiß, daß ich immer den Dingen habe Eigennamen geben können, und ich *behaupte* (§ 1 Nr. 2), daß ich das in alle Zukunft können werde. Usw. Immer mache ich Beobachtungen und entnehme daraus Erwartungen für die Zukunft.

§ 4. Erstes und Letztes.

11. Ist wieder a irgendein Geschehnis, b ein auf a folgendes, so ist b nicht bloß später als a, sondern auch später als jedes vor a liegende Geschehnis.

Tritt also ein auf b folgendes Geschehnis c hinzu, so ist c später als jedes vor b liegende Geschehnis, mithin später als a, m. a. W.: a ist früher als c. Außerdem ist a früher als b. Folglich ist unter den Geschehnissen a, b, c das Geschehnis a dadurch ausgezeichnet, daß es früher ist als die andern; a heißt *frühestes, erstes*. Dagegen ist das Geschehnis c später als die andern; c heißt *spätestes, letztes*.

Auch in dem allereinfachsten Fall, wo nur die Geschehnisse a und b betrachtet werden, kann man a frühestes oder erstes der Geschehnisse a und b nennen, b spätestes oder letztes.

12. Die hier an den einfachsten Fällen vorgeführte Erscheinung beobachte ich allgemein, wenn Geschehnisse A vorliegen, und werde dadurch (vgl. § 3 Nr. 10) zu der Behauptung geführt: Immer kann ich unter den Geschehnissen A eines erkennen, das früher als jedes andere A ist, ebenso eines, das später als jedes andere A ist.

Jenes A heißt frühestes oder erstes, dieses heißt spätestes oder letztes.

Die Geschehnisse A können insbesondere Angaben von Dingen oder eines Dinges sein.

13. Die Einsichten, die hier ausgesprochen werden, spielen eine Rolle in allen Gedankengängen, auf welchem Gebiet diese sich auch bewegen mögen; überall sind sie unentbehrliche Bestandteile. Diese

Bestandteile sind die allereinfachsten und treten deshalb für das gewöhnliche Denken allzu sehr hinter die anderen zurück. Sie kommen aber zum Vorschein, wenn man sich nicht bei dem gewöhnlichen Denken beruhigt, sondern in vollbewußtem Denken für jede Schlußkette auch die verstecktesten Glieder ans Licht zieht.

Für solche Einsichten, auf die das gewöhnliche Denken sich nur stillschweigend oder ganz unbewußt stützt, wird die Bezeichnung als *selbstverständliche* angebracht sein.

§ 5. Folgerungen.

14. Nach § 4 Nr. 12 ist, wenn Geschehnisse A vorliegen, immer eines als „erstes" zu bezeichnen. Ein solches heiße m; dann ist m unter den A das einzige, das als erstes bezeichnet werden kann. Diese Tatsache darf man mit gleichem Recht für „selbstverständlich" (§ 4 Nr. 13) erklären, wie z. B. den Inhalt von § 4 Nr. 12, zu dem sie eine Ergänzung bildet. Aber die neue Tatsache ist nicht bloß „selbstverständlich", sondern sie steht noch in einem besonderen Verhältnis zu den vorher ausgesprochenen. Dieses Verhältnis besteht darin, daß die neue Tatsache aus vorhergehenden *gefolgert* (*abgeleitet*, *deduziert*) werden kann. Nämlich:

Das Geschehnis m ist erstes A. Das heißt nach § 4 Nr. 12: m ist früher als jedes andere A. Wird ein von m verschiedenes A etwa mit n bezeichnet, so ist folglich m früher als n, mithin (§ 3 Nr. 8) n nicht früher als m, n nicht früher als jedes andere A, n nicht (§ 4 Nr. 12) erstes A. Folglich ist nur m erstes A.

15. Nach § 4 Nr. 12 ist eines der Geschehnisse A, etwa p, als letztes zu bezeichnen. Wieder erscheint es mir als „selbstverständlich", daß nur ein einziges A so bezeichnet werden kann. Aber auch hier kann die neue Tatsache aus früher anerkannten gefolgert werden. Nämlich:

Das Geschehnis p ist letztes A. Das heißt nach § 4 Nr. 12: p ist später als jedes andere A. Wird ein von p verschiedenes A etwa mit q bezeichnet, so ist folglich p später als q, mithin (§ 3 Nr. 9) q nicht später als p, q nicht später als jedes andere A, q nicht (§ 4 Nr. 12) letztes A. Folglich ist nur p letztes A.

Dies, in Verbindung mit der vorigen Nummer, besagt: Nur eines der A ist frühestes, nur eines ist spätestes. Ich nenne nunmehr jenes „das" früheste oder erste, dieses „das" späteste oder letzte.

16. An die Begriffe „erstes" und „letztes" knüpft sich ferner als eine „selbstverständliche" Vorstellung die, daß das erste unter den Ge-

schehnissen A nicht zugleich das letzte unter ihnen sein kann. Ich bin so wenig geneigt, in dieser Tatsache etwas der Erörterung Bedürftiges zu sehen, daß ich es kaum als nötig empfinde, sie überhaupt in Worte zu kleiden. Und doch werden fortwährend Schlußketten bei genauer Prüfung nur haltbar, wenn ich zur Ausfüllung bloßgelegter Lücken auch jene äußerst unscheinbare Tatsache heranziehe.

Auch diese Tatsache ist ein Ausfluß aus früheren. Nämlich: Wie in Nr. 14 sei m das erste A, n ein anderes A, also m früher als n. Dann ist (§ 3 Nr. 9) n später als m, m nicht später als n. Folglich ist m nicht später als jedes andere A, m nicht (§ 4 Nr. 12) letztes A.

Also: Erstes und letztes der A sind verschieden.

17. Schließlich ist hier noch festzustellen: Folgt auf ein A, etwa l, nur ein einziges, etwa l', so ist l' das letzte A; geht einem A, etwa k, nur ein einziges voran, etwa k', so ist k' das erste A. Auch dies sind Folgerungen. Nämlich:

Sind l und l' die einzigen A, so ist l das frühere, l' das spätere A, l' das letzte A (§ 4 Nr. 11 am Ende). Habe ich dagegen ein von l und l' verschiedenes A, etwa l_1, so folgt l_1 nicht auf l, sondern es liegt l' nach l und l_1 vor l, folglich (§ 4 Nr. 11) l' nach l_1; l' ist später als jedes andere A, l' ist auch jetzt das letzte A. — Sind k und k' die einzigen A, so ist k' das frühere, k das spätere A, k' das erste A (§ 4 Nr. 11 am Ende). Habe ich dagegen ein von k und k' verschiedenes A, etwa k_1, so liegt k_1 nicht vor k, sondern es liegt k_1 nach k und k' vor k, folglich (§ 4 Nr. 11) k_1 nach k', k' vor k_1; k' ist früher als jedes andere A, k' ist auch jetzt das erste A.

§ 6. Zwischen.

18. Wie bei früherer Gelegenheit, seien a, b, c verschiedene Geschehnisse. Dann ist nach § 5 Nr. 14 eines, etwa a, das erste von ihnen; nach Nr. 15 und 16 ist ein anderes, etwa c, das letzte; es liegt a vor b, b vor c. Demnach liegt b so, daß es dem einen der Geschehnisse a und c nachfolgt und dem andern vorangeht. Bei solcher Lage sage ich: das Geschehnis b liegt *zwischen* den Geschehnissen a und c.

Diese Aussage ist also nur möglich, wenn a, b, c verschiedene Geschehnisse sind, und bedeutet, daß entweder a vor b und b vor c liegt, oder c vor b und b vor a.

Der Inhalt dieser Erklärung ändert sich nicht, wenn ich darin a und c vertausche. Es ist also einerlei, ob ich sage: zwischen a und c, oder: zwischen c und a.

Nach dem Sprachgebrauch ist es überhaupt von vornherein einerlei, ob ich z. B. sage: g und h, oder: h und g. Erst im Lauf der Entwicklung haben die Mathematiker aus Zweckmäßigkeitsgründen für bestimmte Fälle Festsetzungen getroffen, durch die „g und h" einen andern Sinn erhält als „h und g". Mit solchen Fällen haben wir es aber hier nicht zu tun.

19. Es war a früher als b, b früher als c. Nach § 4 Nr. 11 ist schon deshalb a auch früher als c (wie in Nr. 18 angenommen). Folglich besteht weder die Lage „a vor c und c vor b" noch „b vor c und c vor a", mithin auch nicht: c zwischen a und b. Ebenso besteht weder die Lage „b vor a und a vor c" noch „c vor a und a vor b", mithin auch nicht: a zwischen b und c.

Also: Liegen Geschehnisse a, b, c so, daß a früher ist als b und b früher als c, so liegt c nicht zwischen a und b, a nicht zwischen b und c. Indem ich nur die Bezeichnungen a und c vertausche, schließe ich: Liegen Geschehnisse a, b, c so, daß c früher ist als b und b früher als a, so liegt a nicht zwischen b und c, c nicht zwischen a und b. Zusammengefaßt:

Sind a, b, c verschiedene Geschehnisse, so liegt (Nr. 18) eines von ihnen zwischen den andern, etwa b zwischen a und c. Dann liegt aber weder a zwischen b und c, noch c zwischen a und b.

20. Es werde festgehalten: a vor b, b vor c. Indem ich für die Geschehnisse a, b, c einen Sammelnamen E im Sinn von § 2 Nr. 6 einführe, kann ich sagen: Zwischen a und b liegt kein E, ebensowenig zwischen b und c; zwischen a und c liegt ein E.

Unter den auf a folgenden E, nämlich b und c, ist hier b das erste; ich kann daher b *das erste E nach a* nennen. Es ist üblich, b zu nennen: das auf a *unmittelbar* folgende E, das *nächstfolgende* oder nächstspätere E nach oder zu a, das *nächste E nach a*. Zwischen a und dem nächstfolgenden E liegt kein E; durch diese Eigenschaft ist unter den auf a folgenden E das nächstfolgende ausgezeichnet.

Wird statt a jetzt b ins Auge gefaßt, so kann nur ein einziges „E nach b" angeführt werden, nämlich c. Indem ich c das auf b „unmittelbar" folgende E usw. nenne, gilt entsprechend: zwischen b und dem nächstfolgenden E liegt kein E.

Für c als das letzte E kann von einem „folgenden E" nicht die Rede sein, also auch nicht von einem „unmittelbar folgenden E".

21. Unter den vor c vorhergehenden E ist b das letzte. Ich nenne b: das *letzte E vor c*, das vor c *unmittelbar* vorhergehende E, das *nächstvorhergehende* oder nächstfrühere E vor oder zu c, das *nächste E vor c*. Zwischen c und dem nächstvorhergehenden E liegt kein E.

Weiter nenne ich a: das vor b „unmittelbar" vorhergehende E, so daß auch zwischen b und dem nächstvorhergehenden E kein E liegt.

Von einem „vor a unmittelbar vorhergehenden E" kann nicht die Rede sein.

22. Der Fall von Geschehnissen a, b, c, die voneinander verschieden sind, ist der einfachste, wo die Begriffe: zwischen, nächstfrüher, nächstspäter, Platz greifen. Will man unter diesen Fall heruntergehen, so muß man sich auf die Geschehnisse a, b beschränken und für diese einen Sammelnamen D einführen. Um den Begriff „zwischen" nach der in Nr. 18 gegebenen Erklärung anzuwenden, bieten die D keinen Stoff. Diese Erkenntnis kann ich so in Worte fassen: Zwischen a und b liegt kein D; und daraufhin kann ich, indem ich a als das frühere der Geschehnisse a und b festhalte, wieder von b sagen, daß es auf a „unmittelbar folgt", und von a, daß es vor b „unmittelbar vorhergeht".

§ 7. Unmittelbares Folgen.

23. In § 6 habe ich die einfachsten Fälle betrachtet, wo Zwischenliegen und unmittelbares Folgen oder Vorhergehen behauptet oder verneint werden können. Diese Möglichkeit besteht aber allgemein, wenn Geschehnisse A vorliegen.

Gehören zu den Geschehnissen A etwa Geschehnisse a, b, c, so liegt (§ 6 Nr. 19) eines und nur eines davon zwischen den andern, etwa b; b ist weder das erste noch das letzte A.

Nun sei e irgendeines der Geschehnisse A, aber nicht das letzte. Zum vollständigen Erleben der A gehört, daß mir dabei *ohne weiteres* bewußt wird: auf e folgt ein bestimmtes A, etwa f, *unmittelbar*. Folgt auf e nur ein einziges A, so kann nur dieses mir als das auf e unmittelbar folgende A, also als das Geschehnis f, erscheinen; nach § 5 Nr. 17 ist dann f das letzte A.

24. Beim Erleben der Geschehnisse A wird mir außerdem folgendes bewußt: Ist g ein auf e folgendes A, h ein auf g folgendes, also g zwischen e und h, so ist h nicht das auf e unmittelbar folgende A.

Nunmehr schließe ich: Ist h ein auf e folgendes A, und liegt ein A zwischen e und h, so ist h nicht das auf e unmittelbar folgende A.

Oder: Zwischen e und dem darauf unmittelbar folgenden A liegt kein A. Bei der Bezeichnung in Nr. 23: Zwischen e und f liegt kein A.

25. Folgt unter den A auf e nicht bloß f, sondern etwa noch h, so liegt h nicht zwischen e und f (Nr. 24). Läge nun h vor f, so läge „e vor h und h vor f", h zwischen e und f. Folglich liegt h nicht vor

f, sondern „e vor f und f vor h", f zwischen e und h. — Überdies ist in dem betrachteten Fall f nicht später als h, f nicht das letzte A; vielmehr kann, wenn f das letzte A ist, auf e kein A außer f folgen. Also:

Ist f das auf e unmittelbar folgende A, h ein anderes auf e folgendes A, so liegt f vor h, f zwischen e und h. — Ist f das auf e unmittelbar folgende A und zugleich das letzte A, so folgt auf e kein A außer f.

Folgt unter den A auf e nicht f allein, so ist f unter den auf e folgenden A das erste.

26. Außer f folgt hiernach unter den A keines in der Weise auf e, daß zwischen ihm und e kein A läge.

Ich schließe: Wenn Geschehnisse A vorliegen, darunter etwa e, aber nicht als das letzte A, so folgt unter den A eines und *nur eines* in der Weise auf e, daß zwischen ihm und e kein A liegt. Dieses eine ist das auf e unmittelbar folgende A.

Wie in dem einfachen Fall des § 6 Nr. 20 heißt allgemein das auf e unmittelbar folgende A auch: das erste A nach e (Nr. 25 am Ende), das nächstfolgende oder nächstspätere A nach oder zu e, das nächste A nach e.

§ 8. Unmittelbares Vorhergehen.

27. An dem einfachen Fall der Geschehnisse E in § 6 Nr. 20 ist wahrzunehmen, wie jedes E außer a, dem ersten, als ein „nächstfolgendes" auftritt, nämlich b als solches zu a, c als solches zu b. Geht man noch unter diesen Fall herunter zu dem Fall der Geschehnisse D in § 6 Nr. 22, so ist b das einzige D außer dem ersten; b tritt als „nächstfolgendes" zu a auf.

Wie in § 7 Nr. 23 kann ich auch hier verallgemeinern. Was an den Fällen der Geschehnisse D und E wahrzunehmen war, nämlich daß jedes Geschehnis außer dem ersten als ein „nächstfolgendes" auftritt, das erwarte ich zuversichtlich in jedem Fall, wo Geschehnisse A vorliegen. Es sei t das erste, z das letzte. Dann wurde a. a. O. festgestellt, daß mir, während ich die A erlebe, zu jedem A außer z ein gewisses A (das jedenfalls von t verschieden ist) als nächstfolgendes erscheint. Hierzu tritt jetzt eine neue, durch Absatz 1 vorbereitete Feststellung:

Jedes A außer t kommt als ein „nächstfolgendes" vor.

28. Ist q eines der Geschehnisse A, aber nicht das erste, so kann ich hiernach behaupten: Während ich die Geschehnisse A erlebe, begegne ich einem A, etwa p, für das q das nächstfolgende ist.

Das Geschehnis p liegt vor q in der Weise, daß kein A zwischen p und q liegt. Liegt nun vor q noch ein A, etwa p', so verhält p' sich anders als p, d. h.: zwischen p' und q liegt ein A, nämlich p. Denn: p' liegt nicht zwischen p und q; läge nun p vor p', so läge p vor p' und p' vor q, also p' zwischen p und q; folglich liegt p nicht vor p', sondern p' vor p, weiter: p' vor p und p vor q, p zwischen p' und q.

Hiernach liegt außer p kein A vor q in der Weise, daß kein A zwischen p und q liegt.

Anmerkung. — Das hier mit p bezeichnete Geschehnis ist nicht das letzte A, da ja q ein späteres A ist. In § 5 Nr. 15 war aber „p" als Eigenname für das letzte A eingeführt worden, und nach § 1 Nr. 2 gilt die Bedeutung, bis sie für erloschen erklärt wird. Wenn ich hier ohne eine solche Erklärung die frühere Bedeutung von p als erloschen betrachtet habe und diesen Namen jetzt in anderer Bedeutung verwende, so beruht dies darauf, daß man vielfach dem Leser überläßt, aus dem Zusammenhang zu entnehmen, ob die frühere Bedeutung eines Namens noch in Betracht kommt oder nicht.

29. Liegt vor q nur ein einziges A, so fällt p mit diesem zusammen und ist (§ 5 Nr. 17) das erste A. Ist p nicht das einzige A vor q, liegt also vor q noch ein A, etwa p', so liegt (Nr. 28) p' vor p; p ist dann nicht das erste A. Oder: Ist p das erste A, so ist es das einzige A vor q.

Ferner: Ist p nicht das einzige A vor q, so ist p später als p', also später als jedes vor q gelegene A; p ist dann das letzte der vor q gelegenen A.

Zusammenfassung: Wenn Geschehnisse A vorliegen, darunter etwa q, aber nicht als das erste A, so liegt unter den A eines und nur eines, etwa p, in der Weise vor q, daß zwischen p und q kein A liegt; q ist das nächste A nach p. Liegt vor q nur ein einziges A, so fällt p mit diesem zusammen; liegt vor q unter den A nicht p allein, so ist p das letzte der vor q gelegenen A.

30. Das so bestimmte Geschehnis p heißt: das letzte A vor q, das vor q *unmittelbar vorhergehende* A, das nächstvorhergehende oder nächstfrühere A vor oder zu q, das nächste A vor q.

Liegt vor q nur ein einziges A, so ist dieses das „unmittelbar vor q vorhergehende A"; zugleich ist es das erste A. Ist das vor q unmittelbar vorhergehende A zugleich das erste A, so ist es das einzige A vor q.

Liegt vor q unter den A nicht p allein, sondern etwa noch p', so liegt p zwischen p' und q (Nr. 28).

§ 9. Möglichkeit von Angaben.

31. Die Betrachtungen der §§ 3—8 bezogen sich auf beliebige Geschehnisse; von einer Anwendung auf besondere Geschehnisse — auf „Angaben" im Sinn von § 2 — war nur im Anfang jener Betrachtungen die Rede, nämlich in § 3 Nr. 10. Dort handelte es sich um den Fall, daß irgendwelche Dinge angegeben waren; die Angaben, durch die dies geschehen war, belegte ich mit dem Sammelnamen A, die Dinge selbst mit dem Sammelnamen C. Dann durfte ich behaupten:

Nach den Angaben A der Dinge C kann ich ein Ding angeben, das nicht unter den Sammelnamen C fällt.

Damit wurde die Möglichkeit eines Geschehnisses besonderer Art behauptet, das später sein soll, als alle Geschehnisse A, und zwar eines Geschehnisses, das ebenso wie die A eine Angabe ist, wobei aber die Hauptsache darin besteht, daß der „Gegenstand" (§ 2 Nr. 4) der neuen Angabe auch ein neues Ding sein soll, nicht eines der schon angegebenen und mit dem Sammelnamen C belegten Dinge.

32. An diesen Satz kann ich ähnliche Sätze anreihen. Zu dem Zweck gehe ich auf die Bemerkung in § 2 Nr. 5 zurück, wonach ich, wenn ich ein Ding angegeben habe, dasselbe Ding abermals angeben, dies sogar für dasselbe Ding beliebig wiederholen kann. Hierin liegen folgende Behauptungen:

Ist eine Angabe a eines Dinges α geschehen, so kann auch nach dem Geschehnis a das Ding α von neuem angegeben werden. Ist nach a eine Angabe b geschehen, deren Gegenstand ein von α verschiedenes Ding ist, so kann auch nach dem Geschehnis b das Ding α von neuem angegeben werden.

Den letzten Teil kann man noch anders fassen, nämlich: Sind a und b Angaben verschiedener Dinge, a früher als b, so ist für das durch a angegebene Ding eine weitere Angabe möglich, die später ist als b.

33. Dem Satz in Nr. 31 kann ich jetzt folgenden zur Seite stellen: Ist α eines der Dinge C, so kann ich nach den Geschehnissen A das Ding α abermals angeben. Dieser Satz gehört zu den „selbstverständlichen"; er kann aber zugleich als Ausfluß früherer Sätze dargestellt werden. Nämlich:

Das Ding α war durch eine der Angaben A angegeben; diese heiße a. Ist a das letzte A, so genügt es, α gemäß Nr. 32 nach a durch eine Angabe c anzugeben; c ist dann später als a und mithin (§ 4 Nr. 11) auch später als die vorhergehenden A, d. h. c ist später als alle A. Ist dagegen nicht a das letzte A, sondern etwa b, so ist b

später als a, b Angabe eines von α verschiedenen C; ich kann α gemäß Nr. 32 nach b durch eine Angabe c angeben; c ist später als b und folglich, wie vorhin, später als alle A.

34. Endlich eine Erweiterung des in Nr. 31 aufgestellten Satzes: Nach den Angaben A der Dinge C kann ich Dinge angeben, von denen keines unter den Sammelnamen C fällt.

Auch dieser Satz kann aus früheren gefolgert werden. Nämlich: Nach den A ist (Nr. 31) eine Angabe c möglich, deren Gegenstand γ kein C ist. Umfaßt nun der Sammelname A' alle A und außerdem nur c, der Sammelname C' alle C und außerdem nur γ, so ist (Nr. 31) nach den A' eine Angabe c' möglich, deren Gegenstand γ' kein C' ist; c' ist später als alle A, γ' ist kein C, γ' ist von γ verschieden. Durch die Angaben c, c' sind also nach den A Dinge γ, γ' angegeben, die keine C sind. Dies kann beliebig fortgesetzt werden.

§ 10. Kette von Geschehnissen.

35. Ich kehre zu dem Fall zurück, daß es sich — im Gegensatz zu § 9 — um Geschehnisse beliebiger Art handelt. Ich nehme also an, daß ich irgendwelche Geschehnisse erlebt habe und führe für diese den Sammelnamen A ein. Indem ich die A erlebte, entstanden in mir die Beobachtungen über das Folgen und das unmittelbare Folgen, über das Vorhergehen und das unmittelbare Vorhergehen. Aber außerdem erzeugen die Geschehnisse A in mir noch einen abschließenden Begriff, der sie zu einem Ganzen zusammenfaßt, zu einem Ding, das ich *die Kette der Geschehnisse* A nenne[1] und auch kurz mit 𝔄 bezeichnen will.

Die Kette 𝔄 ist ein durch die Geschehnisse A vollkommen festgelegtes Ding; es konnte daher nur von „der" Kette der Geschehnisse A die Rede sein.

36. Wenn auch B Sammelname für Geschehnisse ist und 𝔅 die Kette der B, so entsteht die Frage, ob die Kette 𝔅 mit 𝔄 zusammenfallen kann. Diese Frage muß ich dahin beantworten: Die Kette 𝔄 ist einzig und allein Kette der unter den Sammelnamen A fallenden Geschehnisse; sie wird eine andere, wenn ich zu einem Sammelnamen übergehe, der nicht wieder genau dieselben Geschehnisse bedeutet. Die Kette 𝔅 fällt also mit der Kette 𝔄 nur dann zusammen, wenn die Sammelnamen A und B „gleichbedeutend" sind (§ 2 Nr. 7).

---

[1] Statt des in § 3 Def. 5 der Grundlagen der Analysis gewählten Wortes „Folge" wähle ich hier das Wort „Kette". Es schien ratsam, das Wort „Folge" für die mannigfachen andern Zwecke vorzubehalten.

37. Indem ich die A als *Bestandteile der Kette* 𝔄 bezeichne, bin ich hiernach berechtigt, die „die" Bestandteile von 𝔄 zu nennen. Zum Namen A gesellt sich der Name „Bestandteil der Kette 𝔄" als ein mit A gleichbedeutender Sammelname.

Der Zusammenhang zwischen 𝔄 und den A führt noch zu andern Ausdrucksweisen. Ich sage: Die Kette 𝔄 *besteht aus den Geschehnissen* A (und nur diesen); die A (und nur sie) *gehören der Kette* 𝔄 *an*.

38. Wenn α und β Geschehnisse A sind, jedoch kein A zwischen α und β liegt, so heißen sie *in der Kette* 𝔄 *benachbart*. In der Kette 𝔄 folgt dann entweder β unmittelbar auf α, oder α unmittelbar auf β.

Zu jedem α kann ich ein benachbartes angeben. Zum ersten und letzten A kann ich nur *ein* benachbartes angeben; zu jedem andern A ist sowohl das nächstfrühere als auch das nächstspätere benachbart.

39. Den Begriff „Kette der Geschehnisse A" erwerbe ich erst, wenn ich alle A erlebt habe. Die Kette 𝔄 ist demnach ein von den Geschehnissen A verschiedenes Ding.

Die Kette 𝔄 ist überhaupt kein Geschehnis. Wenn ich trotzdem beispielsweise von einem Geschehnis g spreche, das „später als 𝔄" ist, so soll das bedeuten, daß g später ist als alle A.

Ich kann 𝔄 zum Gegenstand einer Angabe machen. Einer solchen Angabe müssen aber alle A vorangegangen sein. Also: Jede Angabe der Kette ist später als jedes der Kette angehörige Geschehnis.

40. Ist Π Sammelname für ein Geschehnis α' und außerdem nur noch für ein Geschehnis β', so nenne ich die Kette 𝔓 der Geschehnisse Π eine *Paarkette*. In 𝔓 ist entweder α' erster Bestandteil und β' letzter, oder β' erster und α' letzter (§ 4 Nr. 11). Zwischen α' und β' liegt kein Π (§ 6 Nr. 22); α' und β' sind in 𝔓 benachbart.

Fallen die Geschehnisse Π unter den Sammelnamen A, d. h. sind α' und β' Geschehnisse A, so nenne ich die Kette 𝔓 der Π eine „Paarkette aus 𝔄". Dies soll auch gelten, wenn 𝔓 mit 𝔄 zusammenfällt, d. h. wenn der Name Π gleichbedeutend mit dem Namen A ist (Nr. 36); dann und nur dann ist 𝔓 die einzige Paarkette aus 𝔄.

§ 11. Rotten von Dingen.

41. Wie in § 10 mögen Geschehnisse A vorliegen, jetzt aber nicht Geschehnisse beliebiger Art; vielmehr soll jedes A „Angabe eines Dinges" sein. Die A sind also jetzt Angaben von Dingen oder eines Dinges. Die Kette der A nenne ich wieder 𝔄.

Ich beschäftige mich bis auf weiteres nur mit dem Fall, daß die Gegenstände der Angaben A durchweg voneinander verschieden sind. Diesen Gegenständen erteile ich den Sammelnamen A. Die Kette $\mathfrak{A}$ der Angaben A nenne ich eine Rotte[1], und zwar eine Rotte der Dinge A.

Die Kette $\mathfrak{A}$ darf ich jetzt auch „die Rotte $\mathfrak{A}$ der Dinge A" nennen, auch kurz: die Rotte $\mathfrak{A}$, aber nicht: „die" Rotte der Dinge A, weil — wie in § 12 Nr. 47 und 48, allgemein in § 13 Nr. 58 dargelegt werden wird — $\mathfrak{A}$ nicht die einzige aus den Dingen A mögliche Rotte ist.

42. Durch die Rotte $\mathfrak{A}$ sind die Angaben A bestimmt (§ 10 Nr. 36), durch diese die Dinge A (§ 2). Indem ich die A als *Glieder der Rotte* $\mathfrak{A}$ bezeichne, bin ich hiernach berechtigt, sie „die" Glieder von $\mathfrak{A}$ zu nennen (vgl. § 10 Nr. 37). Zum Namen $\mathfrak{A}$ gesellt sich der Name „Glied der Rotte $\mathfrak{A}$" als ein mit A gleichbedeutender Sammelname.

Statt: das Ding a ist ein Glied von $\mathfrak{A}$, sage ich auch: die Rotte $\mathfrak{A}$ *enthält* das Ding a, a ist in $\mathfrak{A}$ enthalten, *a kommt in $\mathfrak{A}$ vor*. Statt: a kommt in $\mathfrak{A}$ nicht vor, sage ich auch: *a fehlt in $\mathfrak{A}$*.

43. Sind a und b Glieder der Rotte $\mathfrak{A}$, so ist in $\mathfrak{A}$ entweder die Angabe von a die frühere oder die Angabe von b. Ist die Angabe von a die frühere, so sage ich: a ist in $\mathfrak{A}$ vor b angegeben, a geht in $\mathfrak{A}$ vor b voran, a steht in $\mathfrak{A}$ vor b, u. dgl.

In derselben Weise übertrage ich auf die Glieder der Rotte die Begriffe: erstes, letztes, zwischen, nächstfolgend, nächstvorhergehend, benachbart. Das erste Glied heißt auch *Anfangsglied*, das letzte *Endglied*. Die Rotte *beginnt* (fängt an) mit dem ersten, sie *endet* (schließt) mit dem letzten Glied.

Anfangs- und Endglied nenne ich *äußere Glieder*, jedes andere Glied ein *inneres*.

44. Den Begriff „Rotte $\mathfrak{A}$ der Dinge A" erwerbe ich erst, wenn Angaben aller A erfolgt sind (§ 10 Nr. 39). Die Rotte $\mathfrak{A}$ ist demnach ein von den Dingen A verschiedenes Ding, sie enthält nicht sich selbst.

Die Rotte $\mathfrak{A}$ ist (§ 10 Nr. 39) kein Geschehnis, insbesondere keine Angabe. Ich kann $\mathfrak{A}$ selbst zum Gegenstand einer Angabe machen; einer solchen Angabe müssen aber Angaben aller Glieder von $\mathfrak{A}$ vorangegangen sein.

45. Wie in § 10 Nr. 40 sei $\mathfrak{P}$ eine Paarkette, die aus Geschehnissen α' und β' besteht; diese Geschehnisse sollen aber jetzt Angaben sein, a' der Gegenstand von α', b' der von β', a' von b' verschieden. Dann ist

---

[1] Statt des in § 3 Def. 6 der Grundlagen der Analysis gewählten Wortes „Reihe" wähle ich hier das Wort „Rotte", um zu den verschiedenen üblichen Bedeutungen des Wortes „Reihe" nicht noch eine neue hinzuzufügen.

$\mathfrak{P}$ eine „Rotte"; ich nenne $\mathfrak{P}$ eine *Paarrotte*. In der Paarrotte sind a' und b' benachbart, und zwar ist entweder a' erstes Glied und b' letztes, oder b' erstes und a' letztes.

Ist die Paarrotte $\mathfrak{P}$ eine Paarkette aus $\mathfrak{A}$ (§ 10 Nr. 40), so nenne ich sie eine „Paarrotte aus $\mathfrak{A}$". Paarrotte aus $\mathfrak{P}$ ist nur $\mathfrak{P}$ selbst.

In $\mathfrak{A}$ benachbarte Glieder sind die Glieder einer und nur einer Paarrotte aus $\mathfrak{A}$; eine solche Paarrotte nenne ich eine „*Nachbarrotte aus* $\mathfrak{A}$". Nachbarrotte aus einer Paarrotte ist nur die Paarrotte selbst.

§ 12. Nachbarrotten.

46. Es sei α eine Angabe des Dinges a, β eine spätere Angabe des von a verschiedenen Dinges b; die aus den Geschehnissen α und β bestehende Kette heiße $\mathfrak{B}$. Dann ist $\mathfrak{B}$ eine Paarrotte aus a und b, und zwar eine mit a beginnende.

Nach β gebe ich a abermals an (§ 9 Nr. 32), durch eine Angabe α'; nach α' gebe ich b abermals an durch eine Angabe β'. Die Kette aus β, α' heiße $\mathfrak{B}_0$, die Kette aus α', β' heiße $\mathfrak{B}'$. Wie $\mathfrak{B}$ sind $\mathfrak{B}_0$ und $\mathfrak{B}'$ Paarrotten aus a und b; aber während $\mathfrak{B}'$ mit a beginnt, wie $\mathfrak{B}$, beginnt $\mathfrak{B}_0$ mit b. Das Bilden solcher Paarrotten kann beliebig fortgesetzt werden.

47. Ich habe hier für den allereinfachsten Fall *verschiedene* Rotten erhalten, die genau dieselben Glieder besitzen; vgl. § 11 Nr. 41. Dabei zeigte sich ein Unterschied, der zur Einführung eines neuen Begriffs veranlaßt: Jede Paarrotte, deren Glieder die Glieder der Paarrotte $\mathfrak{B}$ sind, und die mit dem Anfangsglied von $\mathfrak{B}$ beginnt, nenne ich *mit $\mathfrak{B}$ konform*.

Jede Paarrotte ist mit sich selbst konform. Ist eine Paarrotte mit einer anderen konform, so gilt auch das Umgekehrte. Paarrotten, die mit einer Paarrotte konform sind, sind unter sich konform.

Die Paarrotten $\mathfrak{B}$ und $\mathfrak{B}_0$ in Nr. 46 sind nicht konform, ebensowenig $\mathfrak{B}'$ und $\mathfrak{B}_0$, das Anfangsglied von $\mathfrak{B}$ und $\mathfrak{B}'$ ist Endglied von $\mathfrak{B}_0$ und umgekehrt. Eine Paarrotte, die mit dem Endglied einer anderen Paarrotte beginnt und mit ihrem Anfangsglied endigt, heißt eine *Umkehrung* der andern; auch dies ist gegenseitig. Die Umkehrungen einer Paarrotte sind die mit ihr nicht konformen Paarrotten derselben Dinge.

48. Nach den Angaben α und β kann ich (§ 9 Nr. 31) ein von a und b verschiedenes Ding c angeben, durch eine Angabe γ. Ich erhalte dadurch eine Kette $\mathfrak{C}$, die eine Rotte der Dinge a, b, c ist. Nach γ gebe ich a abermals an, durch eine Angabe α''; nach α'' gebe ich b abermals an, durch eine Angabe β''; nach β'' gebe ich c abermals an, durch eine Angabe γ'. Ich nenne $\mathfrak{C}_0$ die Kette aus β, γ, α''; $\mathfrak{C}_1$ die aus $\gamma, \alpha'', \beta''$: $\mathfrak{C}'$ die aus $\alpha'', \beta'', \gamma'$.

Die Ketten $\mathfrak{C}_0, \mathfrak{C}_1, \mathfrak{C}'$ sind Rotten, die genau dieselben Glieder haben wie $\mathfrak{C}$. Das Bilden solcher Rotten aus a, b, c kann beliebig fortgesetzt werden. Wie in Nr. 47 habe ich verschiedene Rotten derselben Dinge vor mir; ich verweise wieder auf § 11 Nr. 41.

Anmerkung. Die hier mit α'' bezeichnete Angabe von a folgt auf γ, mithin auch auf β. Nun habe ich schon in Nr. 46 eine auf β folgende Angabe α' von a eingeführt; es ist also sehr wohl möglich, daß das Geschehnis α'' gar kein anderes ist, als das schon mit dem Namen α' belegte, daß also α' und α'' „gleichbedeutende" Eigennamen sind. Hier erweist sich die Zulassung verschiedener Eigennamen für dasselbe Ding gemäß § 1 Nr. 3 als zweckmäßig; sie überhebt mich in Nr. 48, wo ich auf γ eine Angabe von a folgen lasse, der Notwendigkeit, den Fall, wo diese Angabe mit α' zusammenfällt, vom gegenteiligen Fall durch die Bezeichnungsweise zu unterscheiden. Weitere Verwicklung würde in Nr. 48 entstehen, wenn ich in bezug auf β'' wieder eine Unterscheidung machen müßte. Dazu käme in Nr. 50 die Möglichkeit, daß $\mathfrak{P}'$ mit $\mathfrak{B}$ zusammenfällt.

49. Die Paarkette $\mathfrak{B}$ der Geschehnisse α, β ist eine Paarrotte aus $\mathfrak{C}$, deren Glieder a, b in $\mathfrak{C}$ benachbart sind; eine solche Paarrotte $\mathfrak{B}$ ist eine *Nachbarrotte* aus $\mathfrak{C}$ (§ 11 Nr. 45).

Außer $\mathfrak{B}$ kann ich nur noch *eine* Nachbarrotte aus $\mathfrak{C}$ entnehmen: die Paarkette $\mathfrak{D}$ der Geschehnisse β, γ; ihre Glieder sind b, c. Außerdem kann ich aus $\mathfrak{C}$ nur noch *eine* Paarrotte entnehmen, die Paarkette der Geschehnisse α, γ; diese ist jedoch keine Nachbarrotte.

Nachbarrotte einer Paarrotte ist nur sie selbst (§ 11 Nr. 45).

50. Wie ich aus $\mathfrak{C}$ die Nachbarrotten $\mathfrak{B}$ und $\mathfrak{D}$ erhielt, so erhalte ich Nachbarrotten $\mathfrak{D}$ und $\mathfrak{D}_0$ aus $\mathfrak{C}_0$; $\mathfrak{D}_0$ und $\mathfrak{D}_1$ aus $\mathfrak{C}_1$; $\mathfrak{P}'$ und $\mathfrak{D}'$ aus $\mathfrak{C}'$. Aber nur aus $\mathfrak{C}$ und $\mathfrak{C}'$ kann ich lauter konforme Nachbarrotten entnehmen: $\mathfrak{B}$ und $\mathfrak{P}'$, $\mathfrak{D}$ und $\mathfrak{D}'$. Dagegen ist zwar $\mathfrak{D}$ konform mit sich selbst, aber $\mathfrak{D}_0$ nicht mit $\mathfrak{B}$; $\mathfrak{D}_1$ mit $\mathfrak{B}$, aber $\mathfrak{D}_0$ nicht mit $\mathfrak{D}$.

Ist jede Nachbarrotte aus einer Rotte $\mathfrak{R}$ der Dinge a, b, c konform mit einer Nachbarrotte aus $\mathfrak{C}$, so nenne ich die Rotte $\mathfrak{R}$ *konform mit* $\mathfrak{C}$. Diese Beziehung ist gegenseitig. Jede Rotte der Dinge a, b, c ist mit sich selbst konform. Rotten der Dinge a, b, c, die mit einer Rotte konform sind, sind unter sich konform.

Hiernach sind die Rotten $\mathfrak{C}$ und $\mathfrak{C}'$ konform. Dagegen sind nicht konform: $\mathfrak{C}$ und $\mathfrak{C}_0$, $\mathfrak{C}$ und $\mathfrak{C}_1$, $\mathfrak{C}_0$ und $\mathfrak{C}_1$; schon deshalb sind nicht konform: $\mathfrak{C}_0$ und $\mathfrak{C}'$, $\mathfrak{C}_1$ und $\mathfrak{C}'$.

51. Nach der Rotte $\mathfrak{B}$ konnte ich eine konforme Rotte $\mathfrak{B}'$ bilden. Ebenso wird nach $\mathfrak{B}_0$ eine mit $\mathfrak{B}_0$ konforme Rotte $\mathfrak{B}'_0$ möglich sein;

$\mathfrak{B}'_0$ ist dann — wie $\mathfrak{B}'$ — später als $\mathfrak{B}$, aber nicht mit $\mathfrak{B}$ konform, weil sonst $\mathfrak{B}$ und $\mathfrak{B}_0$ konform sein müßten. Also:

Nach der Rotte $\mathfrak{B}$ kann ich sowohl konforme, als auch nicht konforme Rotten derselben Dinge a, b bilden.

Nach der Rotte $\mathfrak{C}$ konnte ich eine konforme Rotte $\mathfrak{C}'$ bilden. Ebenso wird z. B. nach $\mathfrak{C}_0$ eine mit $\mathfrak{C}_0$ konforme Rotte $\mathfrak{C}'_0$ möglich sein; $\mathfrak{C}'_0$ ist dann — wie $\mathfrak{C}'$ — später als $\mathfrak{C}$, aber nicht mit $\mathfrak{C}$ konform, weil sonst $\mathfrak{C}$ und $\mathfrak{C}_0$ konform sein müßten. Also:

Nach der Rotte $\mathfrak{C}$ kann ich sowohl konforme, als auch nicht konforme Rotten derselben Dinge a, b, c bilden.

§ 13. Abschreiten einer Rotte.

52. Die Rotte $\mathfrak{C}$ des § 12 enthielt als Glieder die Dinge a, b, c und nur diese; die Rotte beginnt mit a, darauf folgt b, darauf c. Nach der Rotte $\mathfrak{C}$ konnte ich aus a, b, c eine mit $\mathfrak{C}$ konforme Rotte $\mathfrak{C}'$ bilden, indem ich das in $\mathfrak{C}$ erste Glied a nochmals angab, nach a das in $\mathfrak{C}$ nächstfolgende b, nach b das in $\mathfrak{C}$ nächstfolgende c. Das Angeben von b nach a kann ich einen „Übergang von a zu b" nennen. Ich kann also sagen: Ich habe a nochmals angegeben und bin von jedem nochmals angegebenen Glied der Rotte $\mathfrak{C}$, das nicht letztes ist, zum nächstfolgenden übergegangen.

Die Rotte $\mathfrak{C}$ schloß sich unmittelbar an die Rotte allereinfachster Art an, nämlich an die Paarrotte $\mathfrak{B}$ des § 12. Auch nach $\mathfrak{B}$ konnte ich eine konforme Rotte $\mathfrak{B}'$ bilden, indem ich a nochmals angab und von a zu b „überging".

53. Die Kette von Geschehnissen, die hierbei das eine Mal nach der Rotte $\mathfrak{B}$, das andre Mal nach der Rotte $\mathfrak{C}$ abläuft, läßt sich für beide Rotten durch dieselben Worte beschreiben: Ich gebe das erste Glied der Rotte nochmals an und gehe von jedem nochmals angegebenen Glied, das nicht letztes ist, zum nächstfolgenden über.

Derartige Ketten von Geschehnissen kann ich immer wieder erzeugen. Ich will das Erzeugen einer derartigen Kette ein *Abschreiten der Rotte* $\mathfrak{B}$ oder $\mathfrak{C}$ nennen. Für die Rotten der einfachsten Art, wie die hier benutzten, ist das Abschreiten allemal möglich, und zwar führt es zu *allen* Gliedern der ursprünglichen Rotte, indem es diese Glieder zu einer mit der ursprünglichen Rotte konformen Rotte verbindet.

54. Lasse ich auf $\mathfrak{C}$ eine Angabe eines von a, b, c verschiedenen Dinges d folgen, so erhalte ich eine Rotte $\mathfrak{D}$ der Dinge a, b, c, d. Indem ich die in § 12 an der Rotte $\mathfrak{C}$ angestellte Betrachtung der Rotte $\mathfrak{D}$ an-

passe, finde ich, daß auch für 𝔇 das „Abschreiten" möglich ist, und daß es wieder den in Nr. 53 geschilderten Erfolg hat.

Ich kann ein von a, b, c, d verschiedenes Ding e hinzunehmen und für die so erweiterte Rotte zum gleichen Ergebnis gelangen. Aber wenn ich auf diesem Wege, von Rotte zu Rotte fortschreitend, die obige Erscheinung immer wieder bestätigt finde, so kann ich doch auf diesem Wege niemals einen Abschluß erreichen; ob das, was ich für die durchgeprüften Fälle beweisen konnte, für alle andern Fälle ebenfalls gelten muß, bleibt eine offene Frage.

55. Wenn ich die eben gestellte Frage bejahe, so hat diese Entscheidung nur den besonders in § 3 Nr. 10 und § 4 Nr. 12 erörterten Sinn. Wie bei gewissen zurückliegenden Gelegenheiten, halte ich mich hier zu einer Verallgemeinerung berechtigt. Diese lautet:

Ist 𝔄 irgendeine Rotte, so kann ich nach 𝔄 das erste Glied von 𝔄 nochmals angeben und von jedem nochmals angegebenen Glied, das nicht letztes ist, zu dem in 𝔄 nächstfolgenden übergehen; ich erhalte dadurch eine Rotte 𝔄′, deren Glieder dieselben sind, wie die der Rotte 𝔄, und deren Nachbarrotten konform sind mit den Nachbarrotten aus 𝔄. Also, wenn ich das Wort „*Abschreiten*" jetzt allgemein anwende:

Ist 𝔄 irgendeine Rotte, so ist es nach 𝔄 möglich, 𝔄 abzuschreiten. Das Abschreiten liefert alle Glieder von 𝔄, und zwar als Glieder einer neuen Rotte 𝔄′. Die Nachbarrotten aus 𝔄′ sind konform mit denen aus 𝔄.

56. Wenn ich ein Wort niederschreibe, das aus lauter verschiedenen Buchstaben besteht, so bilde ich eine Rotte, deren Glieder Buchstaben sind. Indem ich die Niederschrift lese, schreite ich diese Rotte ab; ich gehe an das Lesen in der Gewißheit, daß das Abschreiten möglich ist und mir das Wort wieder liefert. Entsprechendes gilt für den Satz, für das Buch. Unbedenklich bin ich bereit, diese Zuversicht auf die Bücherei auszudehnen, wie groß ihr Umfang auch sein mag. Mit Zeit brauche ich als der in § 1 Nr. 1 vorausgesetzte Mensch nicht zu sparen.

Daß in dieser Zuversicht die Anerkennung eines besonderen Satzes, eines Satzes von unabsehbarer Tragweite liegt, dringt dem „gewöhnlichen" Denken kaum ins Bewußtsein. Der Satz der Nr. 55 ist wieder einer der „selbstverständlichen" Sätze, deren Wichtigkeit erst zutage tritt, wenn man daran geht, die alltäglichen Schlußweisen zu restlos stichhaltigen zu erheben. Vgl. § 4 Nr. 13 und § 5 Nr. 16.

57. Den in § 12 für die einfachsten Fälle eingeführten Begriff „konform" darf ich jetzt auf beliebige Rotten ausdehnen. Ist jede Nachbarrotte aus einer Rotte 𝔖 konform mit einer Nachbarrotte aus der Rotte 𝔄, so nenne ich 𝔖 *konform mit* 𝔄. Diese Beziehung ist gegenseitig. Jede

Rotte ist sich selbst konform. Rotten, die mit einer Rotte konform sind, sind unter sich konform.

Hiernach sind die Rotten $\mathfrak{A}$ und $\mathfrak{A}'$ in Nr. 55 konform. Also: Nach jeder Rotte kann ich eine konforme Rotte bilden.

58. In § 12 Nr. 48 hätte ich auf γ irgendein Geschehnis ε folgen lassen dürfen, auf ε erst eine neue Angabe α' von a, und dann wieder alles wie a. a. O. Dieses Verfahren kann ich auf beliebige Rotten ausdehnen. Also: Folgt auf $\mathfrak{A}$ ein Geschehnis ε, so ist auch nach ε eine mit $\mathfrak{A}$ konforme Rotte möglich.

Auch die Betrachtung in § 12 Nr. 51 kann ich auf beliebige Rotten ausdehnen: Nach jeder Rotte kann ich aus denselben Dingen sowohl konforme als auch nicht konforme Rotten bilden.

Schließlich: Folgt auf $\mathfrak{A}$ ein Geschehnis ε, so sind auch nach ε sowohl mit $\mathfrak{A}$ konforme, als auch mit $\mathfrak{A}$ nicht konforme Rotten aus den Gliedern von $\mathfrak{A}$ möglich.

§ 14. Anwendung auf Sammelnamen.

59. Wenn ich auf ein Blatt verschiedene Wörter schreibe, so werden diese Wörter dadurch „angegebene Dinge", und ich kann ihnen einen Sammelnamen erteilen (§ 2 Nr. 6). Das geschieht schon, wenn ich von ihnen als den „auf dem Blatt stehenden Wörtern" spreche. Überdies habe ich dadurch, daß ich sie auf das Blatt schrieb, aus ihnen eine „Rotte" gebildet.

Wenn ich nun irgendeinem Wort begegne, so kann ich fragen, ob das Wort eines von denen ist, die auf dem Blatt stehen. Um dies zu ermitteln, werde ich die erwähnte Rotte „abschreiten" und bei jedem Glied feststellen, ob es das gesuchte Wort ist oder nicht. Ich tue das in der Überzeugung, daß ich nach dem Abschreiten das Urteil darüber besitzen werde, ob das Wort auf dem Blatt vorkommt oder nicht.

60. Um diesen Vorgang in seiner allgemeinen Bedeutung darzustellen, wende ich mich wieder zur Rotte $\mathfrak{A}$ der Dinge A aus den §§ 11 und 13 und führe außerdem ein Ding k ein. Dann entsteht die Frage, ob das Ding k unter den Sammelnamen A fällt oder nicht; siehe z. B. § 9 Nr. 31.

Weitergehend: Außer der Rotte $\mathfrak{A}$ der Dinge A sei eine Rotte $\mathfrak{F}$ der Dinge F eingeführt; dann entsteht die Frage, ob unter den Sammelnamen A auch ein Ding F fällt oder nicht, und im Fall der Bejahung, ob nur ein einziges F und welches, oder mehrere F und welche. Siehe z. B. § 9 Nr. 20.

Die Behandlung der weitergehenden Frage setzt die der engeren voraus. Die der engeren setzt voraus, daß mir immer, wenn Eigennamen

k und k' vorliegen, bekannt ist, ob diese Eigennamen dasselbe Ding bedeuten oder nicht; nach § 1 Nr. 3 in Verbindung mit Nr. 1 ist diese Voraussetzung erfüllt.

Der „Besitzer" des Namens k (§ 1 Nr. 2) gilt als festgelegt in Absatz 1. Vom Namen r dagegen, den ich außerdem einführe, soll nur festgehalten werden, daß r Eigenname eines Dinges ist, ohne daß ich ein „Ding des Namens r" schon von vornherein bestimme.

61. Für jede *besondere* Bestimmung kann ich beurteilen, ob der Name r gleichbedeutend ist mit dem Namen k; das Urteil hierüber bezeichne ich mit U_r. Um eine solche Bezeichnung in einem besonderen Fall benutzen zu können, muß ich an die Stelle von r den Eigennamen des besonderen Dinges eintragen. So komme ich zu *bestimmten* Urteilen, z. B. U_e, U_f, wenn — ähnlich wie in § 7 Nr. 23 — e irgendein Glied der Rotte $\mathfrak{A}$, nicht das letzte, und f das nächstfolgende bedeutet.

Ich gebe nun nach $\mathfrak{A}$ das in $\mathfrak{A}$ erste Glied a nochmals an und lasse das Urteil U_a folgen, dann das in $\mathfrak{A}$ nächstfolgende Glied zu a; auf jedes nochmals angegebene Glied e von $\mathfrak{A}$ lasse ich U_e folgen und gehe dann zu f und U_f über. Dadurch erhalte ich alle Glieder von $\mathfrak{A}$ und das Urteil über jedes. Am Ende dieses Hergangs oder schon während desselben erfahre ich, ob das Ding k zu den Dingen A gehört oder nicht. Die Entscheidbarkeit der Frage, ob das Ding k unter den Sammelnamen A fällt oder nicht, beruht also auf dem Satz:

Wenn ich eine Rotte der Dinge A abschreite und für jedes dabei angegebene Glied beurteile, ob es von k verschieden ist oder nicht, so erhalte ich die Urteile über alle Glieder der Rotte und damit das Urteil darüber, ob k zu den Dingen A gehört oder nicht.

62. Welches Ding Besitzer des Eigennamens r sein soll, wurde nicht von vornherein bestimmt (Nr. 60). Für jede besondere Bestimmung verstehe ich jetzt zu beurteilen, ob das Ding des Namens r zu den Dingen A gehört oder nicht (Nr. 61); das Urteil hierüber bezeichne ich mit V_r.

Nunmehr wende ich mich zu der Frage, die in Nr. 60 die weitergehende war. Der Gedankengang der Nr. 61 läßt sich auf die Rotte $\mathfrak{F}$ der Dinge F und das Urteil V_r übertragen und führt zu dem Satz:

Wenn ich eine Rotte der Dinge F abschreite und für jedes dabei angegebene Glied beurteile, ob es zu den Dingen A gehört oder nicht, so erhalte ich die Urteile über alle Glieder und damit das Urteil darüber, ob unter den Sammelnamen A auch ein Ding F fällt oder nicht, und im Fall der Bejahung, ob nur ein einziges F und welches, ob mehrere F und welche.

Mittels dieses Satzes ist auch entscheidbar, ob alle F Dinge A sind ob alle A Dinge F sind, ob die Sammelnamen A und F gleichbedeutend sind.

63. Auch die Sätze in Nr. 61 und 62 gehören zu den allerwesentlichsten Voraussetzungen, auf die sich das Denken zu stützen gewohnt ist. Gerade deshalb werden sie dem „gewöhnlichen" Denken kaum als besondere Sätze bewußt. Sie dürften für „selbstverständliche" ausgegeben und als solche ohne weiteres den früheren angereiht werden. Das braucht jedoch nicht zu geschehen. Im Besitz des in § 13 Nr. 55 aufgestellten Satzes kann vielmehr der Satz der Nr. 61 und dann auch der der Nr. 62 als Folgerung dargestellt werden.

§ 15. Beweis durch Abschreiten.

64. Wie im vorstehenden bezeichne ich wieder mit $\mathfrak{A}$ eine Rotte, für deren Glieder der Sammelname A gilt, mit e irgendein Glied, nicht das letzte, mit f das nächstfolgende. Die Rotte ist eine Kette von Angaben, also von Geschehnissen; ich will jetzt ein der Kette nicht angehöriges Geschehnis Γ einführen. Wenn ich noch den Namen r einführe, wie in § 14, jedoch jetzt mit der Maßgabe, daß der Besitzer des Namens r jedenfalls ein Ding A sein soll, so entsteht die Frage, ob die in $\mathfrak{A}$ auftretende Angabe von r ein späteres Geschehnis als Γ ist oder nicht. Ist sie ein späteres, so will ich diese Aussage über das Ding r mit H_r bezeichnen.

Auf Grund von § 4 Nr. 11 kann ich nun behaupten: Wenn die Angabe von e in $\mathfrak{A}$ später ist als Γ, so ist die Angabe von f in $\mathfrak{A}$ ebenfalls später als Γ. M. a. W.: Gilt die Aussage H_e, so gilt auch die Aussage H_f. Wenn ich also die Rotte $\mathfrak{A}$ abschreite und ein Glied treffe, für das die Aussage H_r gilt, so gilt sie auch für das nächstfolgende Glied.

65. Es sei jetzt K_r irgendeine Aussage der eben geschilderten Art, so daß ich behaupten darf: Gilt die Aussage K_e, so gilt auch die Aussage K_f. Dann wird — immer für den Fall, daß K_r für ein Glied von $\mathfrak{A}$, das nicht letztes ist, gilt — die Aussage K_r sich in $\mathfrak{A}$ auf das nächstfolgende Glied übertragen, von da auf das dann nächstfolgende, und man mag geneigt sein, ohne weiteres anzunehmen, daß man so bis zum letzten Glied gelangt. Bei näherem Zusehen liegt hierin wieder eine neue Erscheinung von grundlegender Bedeutung, eine Erscheinung jedoch, die ich nicht als selbständige neue hinzustellen brauche, sondern aus dem früheren ableiten kann.

Besonders wichtig ist der Fall, wo K_r schon für das erste Glied a von $\mathfrak{A}$ gilt. Während des Abschreitens von $\mathfrak{A}$ darf ich dann bei der Angabe von a die Gültigkeit von K_r für a aussprechen, die Gültigkeit dann auf das zu a nächstfolgende Glied übertragen und dies fortsetzen. Wegen dieser Möglichkeit will ich die in Absatz 1 eingeführte Aussage K_r, mag sie für a gelten oder nicht, eine *in der Rotte $\mathfrak{A}$ abschreitbare Aussage* nennen.

66. Die Aussage H_r in Nr. 64 ist demnach eine in $\mathfrak{A}$ abschreitbare. Für sie würde das in Nr. 65 Angedeutete sich tatsächlich aus früheren Sätzen ergeben, nämlich daß die Gültigkeit von H_r, wenn sie bei einem gewissen Glied von $\mathfrak{A}$ beginnt, sich von da bis zum letzten Glied ausdehnen ließe; denn wenn die Angabe von e in $\mathfrak{X}$ später ist als Γ, so sind die Angaben *aller* auf e folgenden Glieder ebenfalls später als Γ. Und wenn die Gültigkeit von H_r schon für a zutreffen sollte, so würde sie überhaupt für jedes Glied von $\mathfrak{A}$ zutreffen.

Was so an der Aussage H_r beobachtet wird, läßt sich zu einer allgemeinen Erscheinung erheben:

Gilt eine Aussage K_r für das erste Glied a einer Rotte $\mathfrak{A}$, und ist die Aussage abschreitbar in $\mathfrak{A}$, so gilt sie für jedes Glied der Rotte.

67. Um diesen Satz aus früherem abzuleiten (siehe Nr. 65), verfahre ich folgendermaßen: Nach $\mathfrak{A}$ kann ich a angeben und die Aussage K_a als eine gültige hinstellen. Von da gehe ich zu dem in $\mathfrak{A}$ auf a unmittelbar folgenden Glied b über und folgere K_b. Nun kann ich jedesmal, wenn ich für ein Glied e die Folgerung K_e erlangt habe, zu f übergehen und K_f folgern. Hierbei wird aber nach § 13 Nr. 55 die Rotte $\mathfrak{A}$ abgeschritten und also jedes Glied von $\mathfrak{A}$ angegeben; hinter jedem erscheint die darauf bezügliche Folgerung K_r.

Wird eine Aussage mittels des Satzes der Nr. 66 bewiesen, so will ich den Beweis einen *Beweis durch Abschreiten* nennen. Die gebräuchliche Bezeichnung ist: Beweis durch vollständige Induktion; doch hat dabei das Wort „Induktion" nicht die sonst übliche Bedeutung, die einen Gegensatz zur „Deduktion" ausdrückt.

§ 16. Sammlung von Dingen.

68. Ich gehe wieder, wie bei früheren Gelegenheiten, von der Annahme aus, daß Dinge a, b, c angegeben sind, durch Angaben α, β, γ, stelle mir aber jetzt zunächst vor, daß es greifbare Dinge sind, die ich in einen Behälter bringen kann. Die Dinge a, b, c werden dadurch, daß sie — und nur sie — in dem Behälter aufbewahrt werden, zu einer „*Sammlung*"[1] vereinigt.

---

[1] In den Grundlagen der Analysis habe ich in den §§ 9 und 33 den Begriff „Menge" definiert. Für die Menge im Sinn des dortigen § 9, d. i. die Menge von angegebenen Dingen benutze ich jetzt das Wort „Sammlung".

Die Kette der Angaben α, β, γ ist eine Rotte $\mathfrak{C}$ der Dinge a, b, c. Ich kann aber nach Belieben weitere Rotten dieser Dinge bilden, sowohl mit $\mathfrak{C}$ konforme als auch nicht konforme (§ 12 Nr. 51). Jede solche Rotte führt zu derselben „Sammlung"; die Sammlung ist durch jede einzelne dieser Rotten bestimmt. Ich kann ihr einen Eigennamen G erteilen.

69. Einen Sammelnamen kann ich nur für „angegebene" Dinge einführen (§ 2 Nr. 6). Ebenso wird der Begriff einer „Sammlung" erst gewonnen, nachdem Dinge einzeln angegeben, also in eine „Rotte" gebracht sind. Zwar kommt es vor, daß mir etwas ursprünglich als ein „Ganzes" erscheint und sich erst hinterher in einzelne Dinge zerlegt. Aber erst wenn ich diese einzelnen Dinge — hier a, b, c — erkannt habe, erwerbe ich den deutlichen Begriff des Dinges G, das die „Sammlung der Dinge a, b, c" ist. Vgl. § 10 Nr. 39, § 11 Nr. 44.

Das Ding G ist von den Dingen a, b, c verschieden. Dies liegt schon darin, daß G erst angegeben werden kann, wenn Angaben der Dinge a, b, c vorliegen.

70. In Nr. 68 stellte ich mir vor, daß die Dinge a, b, c in einen Behälter gelegt waren. Ich kann sie nun einzeln herausnehmen und sie dadurch in eine von $\mathfrak{C}$ verschiedene Rotte bringen; indem ich sie einzeln wieder zurücklege, bringe ich sie abermals in eine neue Rotte. Ging in $\mathfrak{C}$ etwa a vor b voran, so kann ich dies in einer neuen Rotte ändern; aber das Ding G, die Sammlung, wird dadurch kein anderes.

Wenn ich von den Dingen a, b, c sagte, daß sie (und nur sie) in der Rotte $\mathfrak{C}$ enthalten sind, so sage ich jetzt außerdem: a, b, c (und nur sie) sind in der Sammlung G enthalten. Wenn ich aber daraufhin, daß a und b in einer gewissen Rotte enthalten sind, sagen durfte: a ist in der Rotte früher als b, oder: a ist in der Rotte später als b, so kann ich darauf, daß a und b in der Sammlung G enthalten sind, entsprechende Aussagen nicht gründen.

Hierin liegt schon, daß die Sammlung G keine Rotte der a, b, c ist. Die Sammlung ist überhaupt keine Kette, auch kein Geschehnis. Siehe unten § 18 Nr. 77.

71. Unter den hier betrachteten einfachen Fall kann ich, wie in § 6 Nr. 22, noch hinuntergehen und mich auf Dinge a, b beschränken, die zunächst wieder greifbare Dinge sein sollen. Ich kann dann von der „Sammlung der Dinge a und b" sprechen. Eine solche Sammlung heißt ein *Paar*. Die Sammlung der Dinge a und b heißt: Das Paar aus a und b (oder: Das Paar aus b und a; vgl. § 6, Nr. 18 Abs. 4).

Um von diesen einfachsten Fällen zu beliebigen aufsteigen zu können, gebe ich vor allem die Voraussetzung greifbarer Dinge auf. Es sei also wieder $\mathfrak{A}$ irgendeine Rotte, A der Sammelname für ihre Glieder. Dann führe ich als „*Sammlung der Dinge A*" ein Ding M durch folgende Bestimmung ein:

Von den Dingen A, die in der Rotte $\mathfrak{A}$ enthalten sind, wird auch gesagt, daß sie „in dem Ding M enthalten" sind, und zwar mit der Maßgabe, daß vom „Ding M" *zunächst* in keinem andern Zusammenhang gesprochen werden darf.

Hierdurch wird nicht ausgeschlossen, daß das Ding M *späterhin* noch in andern Zusammenhang gebracht werden darf. Jedoch muß dann vorher eine besondere Unterlage dafür geschaffen werden. Siehe unten § 18.

§ 17. Implizite Definition[1].

72. Als in § 11 Nr. 41 der Name „die Rotte $\mathfrak{A}$ der Dinge A" definiert wurde, besaß das Ding, dem dieser Name zukommen sollte, bereits einen Namen: die Kette $\mathfrak{A}$ der Geschehnisse A, die Angaben von lauter verschiedenen Dingen, den Dingen A, waren. Durch die Definition ist nur erreicht worden, daß die Kette der erwähnten besonderen Art einen besonderen Namen besitzt und sich dadurch deutlich von den Ketten anderer Art abhebt.

Anders lag die Sache, als in § 10 Nr. 35 der Name „die Kette der Geschehnisse A" eingeführt wurde. Für das Ding, dem dieser Name zukommen sollte, war noch kein Name vorhanden; die Einführung des Namens war der unmittelbare Abschluß eines inneren Hergangs, der das Ding erzeugt. Der Name „Kette" wurde demnach nicht definiert; der Begriff der Kette wurde als ein ursprünglicher Begriff, als ein *Kernbegriff* eingeführt.

73. Die „Sammlung M der Dinge A" in § 16 Nr. 71 habe ich nicht als Kernbegriff eingeführt, sondern durch Vermittlung anderer Begriffe, jedoch nicht in der Weise, wie den Begriff der Rotte gemäß Nr. 72. Die darüber, wie der Eigenname M angewendet werden soll, getroffene Bestimmung dient als Definition; sie bezieht sich aber nicht auf ein Ding, das ich auch ohne die Definition — obwohl dann weniger zweckmäßig — benennen kann. Vielmehr sagt die Definition bloß, in welchen Aussagen vom „Ding M" gesprochen werden darf, und was solche Aussagen bedeuten. Wenn nämlich r irgendein Ding ist, so darf ich sagen: Das Ding r ist in dem Ding M enthalten oder nicht enthalten, und das bedeutet: Das Ding r ist ein Ding A oder nicht ein Ding A.

Eine Definition, wie hier die eines Eigennamens M, will mir nur die Berechtigung schaffen, mich so auszudrücken, *als wäre M Eigenname*

---

[1] Siehe hierzu und zu § 18: Annalen der Philosophie, **2**, Heft 2, 1920, S. 145ff.

eines Dinges, sagt mir aber sonst nichts über ein „Ding M". Ich habe derartige Definitionen *implizite Definitionen* genannt.

74. Die Definition von M kommt darauf hinaus, daß die Bezeichnung „Ding mit dem Sammelnamen A" sich decken soll mit der Bezeichnung „in M enthaltenes Ding". In andere Zusammenhänge, als die durch die Bezeichnung „in M enthaltenes Ding" begründeten, soll M nicht eingehen. Es entsteht daher keine Gefahr für die Richtigkeit von Schlußfolgerungen. Ich kann jederzeit M wieder abwerfen. Die Benutzung des Namens M geschieht allemal nur mittels der Sätze:

Ist r ein Ding A, so ist r im Ding M enthalten. Ist r im Ding M enthalten, so ist r ein Ding A.

Im Gegensatz zu den impliziten Definitionen nenne ich die von der gewöhnlichen Art *explizite Definitionen*. Eine solche ist etwa die folgende: Den Dingen, die unter den Sammelnamen D fallen und überdies die Eigenschaft E haben, wird der Sammelname K erteilt; wobei vorausgesetzt wird, daß die Definition sinnvoll ist. Auch die explizite Definition wird durch Sätze vertreten, die vorliegende Definition des Sammelnamens K durch folgende Sätze:

Wenn r ein Ding D ist und die Eigenschaft E hat, so ist r ein Ding K. Ist r ein Ding K, so ist r ein Ding D und hat die Eigenschaft E.

§ 18. Wirkungen der impliziten Definition.

75. Die Definition von M in § 16 Nr. 71 berechtigte *zunächst* nur in gewissem Zusammenhang, vom „Ding M" zu sprechen. Diese Berechtigung läßt sich aber erweitern.

Vor allem darf ich gestatten, daß dem „Ding M" noch andere Eigennamen erteilt werden, z. B. M'. Dies kommt nur darauf hinaus, daß die Bezeichnung „in M enthaltenes Ding" sich decken soll mit der Bezeichnung „in M' enthaltenes Ding".

Ich darf überdies einen Eigennamen N dadurch definieren, daß „Ding mit dem Sammelnamen A" sich decken soll mit „in N enthaltenes Ding". Dann deckt sich „in M enthalten" mit „in N enthalten"; ich darf daher die Namen M und N *wie Eigennamen eines und desselben Dinges* behandeln. Folglich darf ich sagen, daß durch die Definition in § 16 Nr. 71 nur „ein einziges Ding" eingeführt wird. Ich nenne dieses *die Sammlung der Dinge A*; die Dinge A, die in M enthaltenen Dinge, nenne ich *die Stücke der Sammlung*.

76. Sodann darf ich, , an § 2 Nr. 4 und 5 anknüpfend, vom „Angeben" auch auf Grund der impliziten Definition sprechen, nämlich vom Angeben des „Dinges M" mittels eines Eigennamens. Die Angabe ist nach wie vor ein Geschehnis.

Daran schließt sich die Übertragung dessen, was in § 2 Nr. 6 und 7 über Sammelnamen gesagt ist. Die §§ 3 bis 8 handeln nur von Geschehnissen und werden daher von der Neuerung nicht betroffen, ausgenommen die Behauptung in § 3 Nr. 10, die ich jetzt folgendermaßen fasse: Nach irgendwelchen Angaben irgendwelcher Dinge C werde ich imstande sein, *ohne implizite Definition* ein Ding anzugeben, das nicht unter den Sammelnamen C fällt. Derselbe Zusatz ist in § 9 Nr. 31 Abs. 2, Nr. 34 Abs. 1 anzubringen.

77. Eine Aussage, wonach das Ding M früher oder später ist als ein gewisses Geschehnis, wird durch die Definition von M ausgeschlossen. Auch bietet sich keine geeignete Handhabe, eine solche Möglichkeit zu schaffen. Ich kann die „Sammlung" nicht zu den „Geschehnissen" rechnen.

Dasselbe gilt von einer etwaigen Aussage, durch die Geschehnisse als „im Ding M benachbart" hingestellt würden. Ich kann die „Sammlung" nicht zu den „Ketten" rechnen, mithin auch nicht zu den „Rotten".

Im übrigen ist zu den §§ 10 bis 15 nichts zu bemerken. Nur ist in § 14 Nr. 60 Abs. 3 jetzt auch auf Nr. 75 zu verweisen.

78. Ist M die „Sammlung" der Dinge A, so sind (Nr. 75) die A die „Stücke" der Sammlung M, und umgekehrt. Die Möglichkeit einer Aussage, wonach das Ding M selbst ein „Stück des Dinges M", also M selbst „in M enthalten" wäre, war durch die Definition von M nicht gegeben. Eine solche Möglichkeit kann auch nicht geschaffen werden. Denn die Definition setzt voraus, daß die Dinge A angegeben sind; folglich kann ich das Ding M erst angeben, wenn jedes A angegeben ist; das Ding M ist demnach von jedem A verschieden (vgl. § 16 Nr. 69). *Die Sammlung ist nicht Stück von sich selbst,* M *ist nicht in* M *enthalten.*

§ 19. Anwendungen des Beweises durch Abschreiten[1].

79. Auf GA § 3 und 4 gestützt, kann ich hier folgende Ausdrücke anwenden: Die Glieder der Rotte $\mathfrak{A}$ *von a an*, die Glieder *bis b*, die Glieder *von a bis b*; sodann: Der *Abschnitt* aus $\mathfrak{A}$ von a an, wenn a nicht das letzte Glied ist; der Abschnitt bis b, wenn b nicht das erste Glied ist; der Abschnitt von a bis b, wenn a vor b steht.

Der Abschnitt aus der Rotte $\mathfrak{A}$ bis zum Glied r werde mit S_r bezeichnet; r ist nicht das erste Glied. Weiter sei e ein inneres Glied von $\mathfrak{A}$, f das nächstfolgende. Dann läßt die Aussage H_r aus § 15 Nr. 64 sich jetzt als eine Aussage über den Abschnitt S_r fassen, nämlich in der Form:

---

[1] Im folgenden beziehe ich mich der Kürze wegen mehrfach auf die näheren Ausführungen in dem Buche: Grundlagen der Analysis, 1909, das ich mit GA bezeichne.

Die letzte Angabe im Abschnitt S_r ist ein späteres Geschehnis als Γ; und von dieser Aussage darf ich jetzt behaupten: wenn sie für den Abschnitt S_e gilt, so gilt sie auch für den Abschnitt S_f. Eine solche Aussage nenne ich eine *in der Rotte* $\mathfrak{A}$ *abschreitbare Aussage über den Abschnitt* S_r und erhalte den Satz (GA § 4, Lehrs. 26):

Es sei $\mathfrak{A}$ irgend eine Rotte, aber nicht Paarrotte, m das nächstfolgende Glied nach dem ersten. Gilt dann eine auf den Abschnitt S_r bezügliche Aussage für S_m, und ist die Aussage in $\mathfrak{A}$ abschreitbar, so gilt sie für $\mathfrak{A}$ selbst.

80. Es sei $\mathfrak{M}$ eine mit l beginnende und mit m endende Paarrotte, $\mathfrak{N}$ eine mit l beginnende, mit n endende und außerdem nur m enthaltende Rotte. Nach $\mathfrak{M}$ kann ich m nochmals angeben und von m zu l übergehen. Nach $\mathfrak{N}$ kann ich n nochmals angeben, dann von n zu m und von m zu l übergehen. In beiden Fällen kann ich sagen: Ich gebe das letzte Glied der Rotte nochmals an und gehe von jedem nochmals angegebenen Glied, das nicht erstes ist, zum nächstvorhergehenden über. Wo dies geschieht, sage ich: die Rotte wird *rückwärts abgeschritten*.

Für die Rotten der einfachsten Art ist das rückwärts Abschreiten allemal möglich, und zwar führt es zu allen Gliedern der ursprünglichen Rotte, indem es diese Glieder zu einer neuen Rotte verbindet. In der neuen Rotte ist jede Nachbarrotte eine Umkehrung einer aus der ursprünglichen Rotte entnommenen Nachbarrotte.

81. Ähnlich wie in § 14 Nr. 60 führe ich einen Namen r ein, der Eigenname einer Rotte sein soll, ohne daß von vornherein bestimmt ist, welche Rotte der Besitzer des Namens r sein soll. Durch *Anfügen* eines Gliedes an die Rotte r (GA § 4, Def. 13) entstehe die Rotte s. Hat sich nun gezeigt, daß die Rotte r rückwärts abgeschritten werden kann, so will ich diese Aussage über die Rotte r mit T_r bezeichnen. Es ergibt sich dann der Satz: Gilt die Aussage T_r, so gilt auch die Aussage T_s.

Eine Aussage, für die dieser Satz gilt, heiße eine *abschreitbare Aussage über die Rotte* r. Mittels des „Beweises durch Abschreiten" erhalte ich den Satz (GA § 4, Lehrs. 27):

Ist eine Aussage über Rotten, die für jede Paarrotte gilt, abschreitbar, so gilt sie für jede Rotte.

82. Mit ϱ werde eine Sammlung bezeichnet, mit r eine Rotte aus den Stücken der Sammlung. Durch *Hinzufügen* eines Stückes zur Sammlung ϱ (GA § 9, Def. 25) entstehe die Sammlung σ. Die Aussage T_r wird dann bedeuten: Aus den Stücken von ϱ kann ich eine rückwärts abschreitbare Rotte bilden. Dies ist eine Aussage über ϱ; bezeichne ich sie mit U_ϱ, so ergibt sich der Satz: Gilt die Aussage U_ϱ, so gilt auch die Aussage U_σ.

Eine Aussage, für die dieser Satz gilt, heiße eine *abschreitbare Aussage über die Sammlung* ϱ.

Da ϱ die Sammlung der Glieder von r ist, so ist jede Aussage V_ϱ über ϱ eine Aussage über r. Ist die Aussage V_ϱ abschreitbar, zieht sie also V_σ nach sich, so ist sie auch als Aussage über r abschreitbar. Der Satz am Ende von Nr. 81 liefert mithin den folgenden Satz (GA § 9, Lehrs. 72):

Ist eine Aussage über Sammlungen, die für jedes Paar gilt, abschreitbar, so gilt sie für jede Sammlung.

§ 20. Abschreiten rückwärts.

83. Nach § 19 Nr. 80 kann ich jede Paarrotte rückwärts abschreiten. Die in § 19 Nr. 81 mit T_r bezeichnete Aussage gilt daher für jede Paarrotte und ist überdies abschreitbar; nach dem Satz am Ende von § 19 Nr. 81 gilt sie folglich für jede Rotte, d. h. (GA. § 13, Lehrs. 97):

Jede Rotte kann rückwärts abgeschritten werden; und zwar (siehe § 19 Nr. 80) führt dies zu allen Gliedern der ursprünglichen Rotte, nämlich zu einer Rotte, in der jede Nachbarrotte eine Umkehrung aus einer der ursprünglichen Nachbarrotten ist.

In Erweiterung der in § 12 Nr. 47 getroffenen Bestimmung nenne ich die neue und jede mit ihr konforme Rotte eine *Umkehrung* der vorigen.

84. Benutzt man die Bezeichnungen des § 15, so besteht der Satz: Gilt die Aussage K_e, so gilt auch die Aussage K_f. Ist also K'_r das Gegenteil der Aussage K_r, so besteht der Satz: Gilt die Aussage K'_f, so gilt auch die Aussage K'_e. Hiernach greift, wenn K'_r für ein nicht erstes Glied von $\mathfrak{A}$ gilt, die Aussage K'_r auf das nächstvorhergehende Glied über; ich nenne sie eine *in der Rotte $\mathfrak{A}$ rückwärts abschreitbare Aussage*. Mit Hilfe von Nr. 83 beweist man nach dem Vorbild von § 15 Nr. 67 den Satz:

Gilt eine Aussage für das letzte Glied einer Rotte $\mathfrak{A}$, und ist die Aussage in $\mathfrak{A}$ rückwärts abschreitbar, so gilt sie für jedes Glied von $\mathfrak{A}$.

II. Übersicht über die bisherigen Ergebnisse.

Zu § 1.

Kernbegriffe. Ding, Eigenname, einen Eigennamen erteilen.

Kernsätze. Ich kann einem beliebigen Ding einen Eigennamen erteilen. Einem andern Ding kann ich nicht denselben Eigennamen erteilen. Der Eigenname eines Dinges ist selbst ein Ding, und zwar ein anderes Ding.

Definition. Das Ding, dem ein Eigenname erteilt ist, heißt die Bedeutung (der Besitzer) des Namens.

Kernsatz. Einem Ding, dem ein Eigenname erteilt ist, kann noch ein anderer Eigenname erteilt werden. Dies kann für dasselbe Ding beliebig wiederholt werden.

Definition. Eigennamen, die einem und demselben Ding erteilt sind, heißen gleichbedeutend.

Lehrsatz. Sind die Eigennamen $\varkappa$ und λ gleichbedeutend, ebenso die Eigennamen λ und μ, so sind auch die Eigennamen $\varkappa$ und μ gleichbedeutend.

Zu § 2.

Kernbegriffe. Ein Ding angeben; Geschehnis; Sammelname, einen Sammelnamen erteilen.

Kernsätze. Ich kann ein beliebiges Ding angeben. Die Angabe kann mittels eines dem Ding erteilten Eigennamens geschehen. Ein anderes Ding kann ich nicht durch dieselbe Angabe angeben. Die Angabe eines Dinges ist selbst ein Ding, und zwar ein von dem Ding und seinen Eigennamen verschiedenes Ding. Die Angabe ist ein Geschehnis, jede Angabe ein Geschehnis für sich.

Definition. Das angegebene Ding heißt der Gegenstand der Angabe.

Kernsätze. Habe ich ein Ding angegeben, so kann ich dasselbe Ding abermals angeben. Dies kann für dasselbe Ding beliebig wiederholt werden. Dingen, die ich angegeben habe, kann ich einen Sammelnamen erteilen. Der Sammelname ist selbst ein Ding, und zwar ein von jenen Dingen verschiedenes.

Definition. Die Dinge, denen ein Sammelname erteilt ist, heißen die Bedeutungen (die Träger) des Namens.

Kernsatz. Habe ich für irgendwelche Dinge einen Sammelnamen eingeführt, so kann ich für dieselben Dinge noch einen anderen Sammelnamen einführen. Dies kann für dieselben Dinge beliebig wiederholt werden.

Definition. Sammelnamen, die denselben Dingen erteilt sind, heißen gleichbedeutend.

Lehrsatz. Sind die Sammelnamen D und E gleichbedeutend, ebenso die Sammelnamen E und F, so sind auch die Sammelnamen D und F gleichbedeutend.

Zu § 3.

Kernbegriffe. Früher, später.

Kernsätze. Ist a ein Geschehnis, b ein anderes, so ist entweder a früher als b oder b früher als a. Ist a früher als b, so ist b nicht früher als a. Ist a früher als b, so ist b später als a. Ist b später als a, so ist a früher als b.

Definitionen. Ist a früher als b, so sagt man auch: a ist vor b geschehen, a liegt vor b, a geht b voran, b ist nach a geschehen, b liegt nach a, b folgt auf a.

Kernsätze. Nach jedem Geschehnis kann ich ein Ding angeben, das noch nicht angegeben war. Nach irgendwelchen Angaben A irgendwelcher Dinge kann ich ein Ding angeben, das nicht Gegenstand einer Angabe A war.

Zu § 4.

Kernsätze. Ist a ein Geschehnis, b ein auf a folgendes, so ist b später als jedes vor a liegende Geschehnis. Wenn Geschehnisse A angegeben sind, so kann ich unter den A eines angeben, das früher als jedes andere A ist, ebenso eines, das später als jedes andere A ist.

Definitionen. Jenes A heißt frühestes oder erstes, dieses heißt spätestes oder letztes.

Zu § 5.

Lehrsätze. Nur eines der A ist erstes, nur eines ist letztes. Erstes und letztes der A sind verschieden. — Folgt auf ein A nur ein einziges A, so ist dieses das letzte. Geht einem A nur ein einziges A voran, so ist dieses das erste.

Zu § 6.

Lehrsatz. Sind a, b, c Geschehnisse, a früher als b, b früher als c, so ist a früher als c.

Definition. Liegt das Geschehnis b so, daß es dem einen der Geschehnisse a und c nachfolgt und dem anderen vorangeht, so sagt man: b liegt zwischen a und c.

Lehrsatz. Sind a, b, c verschiedene Geschehnisse, so liegt eines von ihnen zwischen den anderen. Liegt etwa b zwischen a und c, so liegt a nicht zwischen b und c, c nicht zwischen a und b.

Zu § 7.

Lehrsatz. Sind Geschehnisse A angegeben, darunter a, b, c, und liegt etwa b zwischen a und c, so ist b weder das erste noch das letzte A.

Kernbegriff. Unmittelbar folgen.

Kernsätze. Ist e irgend eines der Geschehnisse A, aber nicht das letzte, so kann ich ein und nur ein A angeben, das auf e unter den A unmittelbar folgt. Ist g ein auf e folgendes A, h ein auf g folgendes, so folgt h nicht unmittelbar auf e.

Lehrsätze. Folgt auf e nur ein einziges A, so ist dieses das auf e unmittelbar folgende und zugleich das letzte A. Ist h ein auf e folgendes A, und liegt ein A zwischen e und h, so ist h nicht das auf e unmittelbar folgende A; oder: Zwischen e und dem darauf unmittelbar folgenden A liegt kein A.

Lehrsätze. Ist f das auf e unmittelbar folgende A, h ein anderes auf e folgendes A, so liegt f vor h, f zwischen e und h. Ist f zugleich das letzte A, so folgt auf e kein A außer f. Folgt unter den A auf e nicht f allein, so ist f unter den auf e folgenden A das erste.

Lehrsatz. Unter den A folgt eines und nur eines in der Weise auf e, daß zwischen ihm und e kein A liegt; dieses eine ist das auf e unmittelbar folgende A.

Definition. Das auf e unmittelbar folgende A heißt auch: Das erste A nach e, das nächstfolgende oder nächstspätere A nach oder zu e. das nächste A nach e.

Zu § 8.

Kernsatz. Sind Geschehnisse A angegeben, und ist q eines davon, aber nicht das erste, so kann ich ein A angeben, zu dem q das nächstfolgende ist.

Lehrsätze. Unter den A liegt eines und nur eines, etwa p, in der Weise vor q, daß zwischen p und q kein A liegt; q ist das nächste A nach p. Liegt vor q nur ein einziges A, so fällt p mit diesem zusammen. Liegt vor q unter den A nicht p allein, so ist p das letzte der vor q gelegenen A.

Definition. Das Geschehnis p heißt: das letzte A vor q, das vor q unmittelbar vorhergehende A, das nächstvorhergehende oder nächstfrühere A vor oder zu q, das nächste A vor q.

Lehrsätze. Liegt vor q nur ein einziges A, so ist dieses das vor q unmittelbar vorhergehende A; zugleich ist es das erste A. Ist das vor q unmittelbar vorhergehende A zugleich das erste A, so ist es das einzige A vor q. Liegt vor q unter den A nicht p allein, sondern etwa noch p', so liegt p zwischen p' und q.

Zu § 9.

Kernsätze. Ist eine Angabe a eines Dinges α geschehen, so kann nach dem Geschehnis a eine neue Angabe des Dinges α geschehen. Ist nach a eine Angabe b geschehen, deren Gegenstand von α verschieden ist, so kann auch nach b eine neue Angabe von α geschehen; oder: Sind a und b Angaben verschiedener Dinge, a früher als b, so ist für den Gegenstand der Angabe a eine weitere Angabe möglich, die später ist als b.

Lehrsätze. Sind die Dinge C die Gegenstände der Angaben A, und ist α eines der Dinge C, so kann ich nach den Geschehnissen A das Ding α abermals angeben. Nach den Angaben A der Dinge C kann ich Dinge angeben, von denen keines unter den Sammelnamen C fällt.

Zu § 10.

Kernbegriff. Kette von Geschehnissen[1].

Kernsätze. Sind Geschehnisse A angegeben, so kann ein und nur ein Ding 𝔄 angegeben werden, das die Kette der A ist. 𝔄 ist nicht auch Kette anderer Geschehnisse.

Definitionen. Die A heißen die Bestandteile der Kette 𝔄. Ich sage auch: 𝔄 besteht aus den Geschehnissen A, die A gehören der Kette 𝔄 an.

Definition. Wenn α und β Geschehnisse A sind, jedoch kein A zwischen α und β liegt, so heißen α und β in der Kette 𝔄 benachbart.

Lehrsätze. In der Kette 𝔄 folgt dann entweder β unmittelbar auf α, oder α unmittelbar auf β. Zu jedem A kann ich ein benachbartes angeben. Zum ersten und letzten A kann ich nur *ein* benachbartes angeben; zu jedem anderen A ist sowohl das nächstfrühere als das nächstspätere benachbart.

Kernsatz. Die Kette ist kein Geschehnis.

Lehrsatz. Die Kette 𝔄 ist ein von den A verschiedenes Ding.

Definition. Wenn ich von einem Geschehnis g sage, daß es später als 𝔄 ist, so heißt dies: g ist später als alle A.

Lehrsatz. Jede Angabe von 𝔄 ist später als 𝔄.

Definition. Ist Π Sammelname für ein Geschehnis α' und außerdem nur noch für ein Geschehnis β', so nenne ich die Kette 𝔓 der Geschehnisse Π eine Paarkette.

Lehrsätze. In 𝔓 ist entweder α' erster Bestandteil und β' letzter, oder β' erster und α' letzter. In 𝔓 sind α' und β' benachbart.

Definition. Fallen die Geschehnisse Π unter den Sammelnamen A, so nenne ich die Kette 𝔓 der Π eine Paarkette aus 𝔄. Dies soll auch gelten, wenn die Π die einzigen A sind.

Lehrsatz. 𝔓 ist dann und nur dann die einzige Paarkette aus 𝔄, wenn die Π die einzigen A sind, wenn also 𝔓 mit 𝔄 zusammenfällt.

Zu § 11.

Definition. Sind die Bestandteile A der Kette 𝔄 Angaben von durchweg verschiedenen Dingen, den Dingen A, so nenne ich 𝔄: eine Rotte der Dinge A, oder: die Rotte 𝔄 der Dinge A; die A nenne ich: die Glieder der Rotte 𝔄.

Definitionen. Statt: Das Ding a ist ein Glied von 𝔄, sage ich auch: Die Rotte 𝔄 enthält das Ding a, a ist in 𝔄 enthalten, a kommt in 𝔄 vor. Statt: a kommt in 𝔄 nicht vor, sagt man auch: a fehlt in 𝔄.

---

[1] Mit diesem Kernbegriff ist die Sammlung der Kernbegriffe für das Gebiet der Arithmetik vollständig. Alle weiteren Begriffe der Arithmetik werden aus diesen abgeleitet.

Definitionen. Sind a und b Glieder der Rotte $\mathfrak{A}$, und ist die Angabe von a die frühere, so sage ich: a ist in $\mathfrak{A}$ vor b angegeben, a geht in $\mathfrak{A}$ vor b voran, a steht in $\mathfrak{A}$ vor b, u. dgl. In derselben Weise übertrage ich auf die Glieder der Rotte die Begriffe: erstes, letztes, zwischen, nächstfolgend, nächstvorhergehend, benachbart.

Definitionen. Das erste Glied heißt auch Anfangsglied, das letzte Endglied. Anfangs- und Endglied nenne ich äußere Glieder, jedes andere Glied ein inneres.

Lehrsätze. Jeder Angabe von $\mathfrak{A}$ müssen Angaben aller Glieder von $\mathfrak{A}$ vorangegangen sein. Die Rotte $\mathfrak{A}$ ist ein von den Dingen A verschiedenes Ding, sie enthält nicht sich selbst.

Lehrsatz. Ist $\mathfrak{P}$ eine Paarkette aus Angaben α' und β', und ist a' der Gegenstand von α', b' der von β', a' von b' verschieden, so ist $\mathfrak{P}$ eine Rotte.

Definitionen. Ich nenne $\mathfrak{P}$ eine Paarrotte. Ist $\mathfrak{P}$ eine Paarkette aus $\mathfrak{A}$, so nenne ich sie eine Paarrotte aus $\mathfrak{A}$. Sind a' und b' in $\mathfrak{A}$ benachbart, so nenne ich $\mathfrak{P}$ eine Nachbarrotte aus $\mathfrak{A}$.

Lehrsätze. In der Paarrotte sind a' und b' benachbart, und zwar ist entweder a' erstes Glied und b' letztes, oder umgekehrt. Paarrotte oder Nachbarrotte aus einer Paarrotte ist nur die Paarrotte selbst.

Zu § 12.

Definition. Jede Paarrotte, deren Glieder die Glieder der Paarrotte $\mathfrak{B}$ sind, und die mit dem Anfangsglied von $\mathfrak{B}$ beginnt, nenne ich mit $\mathfrak{B}$ konform.

Lehrsätze. Jede Paarrotte ist mit sich selbst konform. Ist eine Paarrotte mit einer andern konform, so gilt auch das Umgekehrte. Paarrotten, die mit einer Paarrotte konform sind, sind unter sich konform.

Definition. Eine Paarrotte, die mit dem Endglied einer andern Paarrotte beginnt und mit ihrem Anfangsglied endigt, heißt eine Umkehrung der andern.

Lehrsätze. Auch dies ist gegenseitig. Die Umkehrungen einer Paarrotte sind die mit ihr nicht konformen Paarrotten derselben Dinge.

Zu § 13.

Definitionen. Nach dem Ding a das Ding b angeben, heißt auch: von a zu b übergehen. Das erste Glied einer Rotte nochmals angeben und von jedem nochmals angegebenen Glied der Rotte, das nicht ihr letztes ist, zum nächstfolgenden übergehen, nenne ich: die Rotte abschreiten.

Übersicht über die bisherigen Ergebnisse.

Kernsätze. Ist $\mathfrak{A}$ irgendeine Rotte, so ist es nach $\mathfrak{A}$ möglich, $\mathfrak{A}$ abzuschreiten. Dies ist, wenn auf $\mathfrak{A}$ ein Geschehnis ε folgt, auch nach ε möglich. Das Abschreiten liefert alle Glieder von $\mathfrak{A}$, und zwar als die Glieder einer neuen Rotte $\mathfrak{A}'$. Die Nachbarrotten aus $\mathfrak{A}'$ sind konform mit denen aus $\mathfrak{A}$[1].

Definition. Ist jede Nachbarrotte aus einer Rotte $\mathfrak{S}$ konform mit einer Nachbarrotte aus der Rotte $\mathfrak{A}$, so nenne ich $\mathfrak{S}$ konform mit $\mathfrak{A}$.

Lehrsätze. Diese Beziehung ist gegenseitig. Jede Rotte ist sich selbst konform. Rotten, die mit einer Rotte konform sind, sind unter sich konform.

Lehrsätze. Nach jeder Rotte $\mathfrak{A}$ kann ich aus denselben Dingen sowohl konforme als auch nicht konforme Rotten bilden. Folgt auf $\mathfrak{A}$ ein Geschehnis ε, so sind auch nach ε sowohl mit $\mathfrak{A}$ konforme, als auch mit $\mathfrak{A}$ nicht konforme Rotten aus den Gliedern von $\mathfrak{A}$ möglich.

Zu § 14.

Lehrsatz. Wenn Eigennamen k und k' vorliegen, so ist mir immer bekannt, ob diese Eigennamen dasselbe Ding bedeuten oder nicht.

Lehrsatz. Wenn ich eine Rotte der Dinge A abschreite und für jedes dabei angegebene Glied beurteile, ob es vom Ding k verschieden ist oder nicht, so erhalte ich die Urteile über alle Glieder der Rotte und damit das Urteil darüber, ob k zu den Dingen A gehört oder nicht.

Lehrsatz. Wenn ich eine Rotte der Dinge F abschreite und für jedes dabei angegebene Glied beurteile, ob es zu den Dingen A gehört oder nicht, so erhalte ich die Urteile über alle Glieder und somit das Urteil darüber, ob unter den Sammelnamen A auch ein Ding F fällt oder nicht, und im Falle der Bejahung, ob nur ein einziges F und welches, ob mehrere F und welche. Hiernach ist auch entscheidbar, ob alle F Dinge A sind, ob alle A Dinge F sind, ob die Sammelnamen A und F gleichbedeutend sind.

Zu § 15.

Definition. Kann man von einer Aussage K_r über ein Ding r behaupten, daß die Aussage, wenn sie für ein nicht letztes Glied der Rotte $\mathfrak{A}$ gilt, sich auf das nächstfolgende Glied überträgt, so nenne ich K_r eine in der Rotte $\mathfrak{A}$ abschreitbare Aussage.

Lehrsatz. Gilt die Aussage K_r für das erste Glied einer Rotte $\mathfrak{A}$, und ist die Aussage abschreitbar in $\mathfrak{A}$, so gilt sie für jedes Glied der Rotte.

---

[1] Mit diesen Kernsatzen ist der „Kern" für das Gebiet der Arithmetik (siehe Fußnote S. 37) vollständig.

Definition. Wird die Gültigkeit einer Aussage für alle Glieder einer Rotte mittels des vorstehenden Satzes bewiesen, so nenne ich den Beweis einen Beweis durch Abschreiten.

Zu § 16.

Definition. Von den Dingen A, die in der Rotte $\mathfrak{A}$ enthalten sind, wird auch gesagt, daß sie „in dem Ding M enthalten" sind, und zwar mit der Maßgabe, daß vom „Ding M" zunächst in keinem andern Zusammenhang gesprochen werden darf. Das Ding M heißt eine Sammlung.

Definition. Fällt unter den Sammelnamen A ein Ding a und außerdem nur noch ein Ding b, so heißt M ein Paar.

Zu § 17.

Die vorstehende Definition von M ist eine implizite Definition. Durch implizite Definition entsteht keine Gefahr für die Richtigkeit von Schlußfolgerungen.

Zu § 18.

Der Inhalt der §§ 1—15 kann auch nach Zulassung der impliziten Definition aufrechterhalten werden.

Definitionen. Das Ding M in § 16 heißt „die" Sammlung der Dinge A. Die Dinge A heißen die Stücke der Sammlung.

Lehrsatz. Die Sammlung ist nicht Stück von sich selbst.

Zu § 19.

Definitionen. Die Glieder der Rotte $\mathfrak{A}$ von a bis b, bedeutet: a, b und die etwa zwischen a und b liegenden Glieder. Man sagt statt dessen: Die Glieder von a an, wenn b das letzte Glied der Rotte ist; die Glieder bis b, wenn a das erste ist.

Definitionen. Ist B Sammelname für die Glieder der Rotte $\mathfrak{A}$ von a bis b, a vor b, so heißt die Kette der Angaben der Dinge B in $\mathfrak{A}$ ein Abschnitt aus $\mathfrak{A}$, und zwar: der Abschnitt von a bis b. Man sagt statt dessen: Der Abschnitt von a an, wenn b das letzte Glied ist; der Abschnitt bis b, wenn a das erste ist.

Definition. Kann man von einer Aussage über einen Abschnitt der Rotte $\mathfrak{A}$, der mit dem ersten Glied anfängt, behaupten, daß die Aussage, wenn sie für einen Abschnitt gilt, sich auch auf den bis zum nächstfolgenden Glied reichenden Abschnitt überträgt, so nenne ich die Aussage: eine in der Rotte $\mathfrak{A}$ abschreitbare Aussage über den Abschnitt.

Lehrsatz. Es sei $\mathfrak{A}$ irgendeine Rotte, aber nicht Paarrotte, m das nächstfolgende Glied nach dem ersten. Gilt dann eine auf einen Abschnitt von $\mathfrak{A}$ bezügliche Aussage für den Abschnitt bis m, und ist die Aussage in $\mathfrak{A}$ abschreitbar, so gilt sie für $\mathfrak{A}$ selbst.

Definition. Das letzte Glied einer Rotte nochmals angeben und von jedem nochmals angegebenen Glied, das nicht erstes ist, zum nächstvorhergehenden übergehen, nenne ich: die Rotte rückwärts abschreiten.

Definitionen. Ist $\mathfrak{B}$ der Abschnitt einer Rotte $\mathfrak{A}$, der nur das letzte Glied z von $\mathfrak{A}$ nicht enthält, so sagt man statt: eine Rotte $\mathfrak{A}$ bilden, auch: z an $\mathfrak{B}$ anfügen. Kann man von einer Aussage über eine Rotte behaupten, daß die Aussage, wenn sie für eine Rotte gilt, auch nach Anfügen eines Gliedes gültig bleibt, so nenne ich die Aussage: eine abschreitbare Aussage über Rotten.

Lehrsatz. Ist eine Aussage über Rotten, die für jede Paarrotte gilt, abschreitbar, so gilt sie für jede Rotte.

Definitionen. Die Sammlung bilden, die alle Stücke der Sammlung M enthält und außerdem nur noch das Ding z, heißt auch: z zu M hinzufügen. Kann man von einer Aussage über eine Sammlung behaupten, daß die Aussage, wenn sie für eine Sammlung gilt, auch nach Hinzufügen eines Stückes gültig bleibt, so nenne ich die Aussage: eine abschreitbare Aussage über Sammlungen.

Lehrsatz. Ist eine Aussage über Sammlungen, die für jedes Paar gilt, abschreitbar, so gilt sie für jede Sammlung.

Zu § 20.

Lehrsätze. Ist $\mathfrak{A}$ irgendeine Rotte, so ist es nach $\mathfrak{A}$ möglich, $\mathfrak{A}$ rückwärts abzuschreiten. Dies ist, wenn auf $\mathfrak{A}$ ein Geschehnis ε folgt, auch nach ε möglich. Das Abschreiten rückwärts liefert alle Glieder von $\mathfrak{A}$, und zwar als die Glieder einer neuen Rotte. Jede Nachbarrotte aus der neuen Rotte ist eine Umkehrung aus einer der ursprünglichen Nachbarrotten.

Definition. Sind $\mathfrak{A}$ und $\mathfrak{B}$ Rotten derselben Dinge, und sind die Nachbarrotten aus $\mathfrak{B}$ Umkehrungen von Nachbarrotten aus $\mathfrak{A}$, so heißt $\mathfrak{B}$ eine Umkehrung von $\mathfrak{A}$.

Definition. Kann man von einer Aussage über ein Ding behaupten, daß die Aussage, wenn sie für ein nicht erstes Glied der Rotte $\mathfrak{A}$ gilt, sich auf das nächstvorhergehende überträgt, so nenne ich die Aussage: eine in $\mathfrak{A}$ rückwärts abschreitbare Aussage.

Lehrsatz. Gilt eine Aussage für das letzte Glied einer Rotte $\mathfrak{A}$, und ist die Aussage in $\mathfrak{A}$ rückwärts abschreitbar, so gilt sie für jedes Glied von $\mathfrak{A}$.

III. Zuordnung zwischen Sammlungen.

Auszug aus GA § 6—9.

1. Es sei C der Sammelname der Dinge a, b, c; Γ der Sammelname anderer Dinge $\alpha, \beta, \gamma, \delta$; $\mathfrak{K}$ der der Paare $a\alpha, b\beta, c\gamma$. Dann besteht jedes Paar aus einem C und einem Γ, und zwar wiederholt sich in den Paaren weder ein C noch ein Γ. Beim Bilden der Paare sind die C vollständig benutzt worden, von den Γ ist noch δ unbenutzt; aber um mit δ ein Paar zu bilden, das aus einem C und einem Γ besteht, muß ich darauf verzichten, daß sich kein C wiederholt.

Allgemein gilt der Satz: Sind Dinge A und andere Dinge А angegeben, so sind Paare $\mathfrak{H}$ möglich mit folgenden Eigenschaften: jedes Paar besteht aus einem A und einem А; kein A oder А wiederholt sich in den Paaren; will ich ein weiteres Paar aus einem A und einem А bilden, so muß ich ein A oder ein А wiederholen.

Aus den A und den А die Paare $\mathfrak{H}$ bilden, heißt: die A und die А durch die $\mathfrak{H}$ einander *zuordnen*.

2. Hiernach kann ich stets, wenn Dinge A und andere Dinge А angegeben sind, die A und die А einander zuordnen, etwa durch die Paare $\mathfrak{H}$, aber auch durch andere Paare. Kommen in den $\mathfrak{H}$ die A und die А vollständig vor, so sage ich: durch die $\mathfrak{H}$ werden die A und die А einander *total* zugeordnet. Kommen etwa die A vollständig vor, die А aber nicht, so sage ich: durch die $\mathfrak{H}$ werden die А den A *exzessiv*, die A den А *defektiv* zugeordnet.

Es ist nicht möglich, die А den A durch gewisse Paare total und durch andere nicht total, oder durch gewisse Paare exzessiv und durch andere defektiv zuzuordnen.

3. Es sei $\mathfrak{A}$ die Sammlung der A, $\mathfrak{B}$ die der B. Zunächst nehme ich wieder an, daß die A von den B verschieden sind. Ist dann die Zuordnung zwischen den A und den B total, so nenne ich $\mathfrak{A}$ und $\mathfrak{B}$ einander *ebenbürtig*; ist die Zuordnung der B zu den A exzessiv, mithin die der A zu den B defektiv, so sage ich: $\mathfrak{B}$ ist *stärker* als $\mathfrak{A}$, $\mathfrak{A}$ ist *schwächer* als $\mathfrak{B}$.

In diesen Redewendungen kann an die Stelle von $\mathfrak{A}$ eine Rotte der A treten, ebenso an die Stelle von $\mathfrak{B}$ eine Rotte der B.

4. Die Forderung, daß die A von den B verschieden sein sollen, lasse ich jetzt fallen.

Ich kann eine — aber nicht nur eine — Rotte $\mathfrak{R}$ angeben, die kein Stück von $\mathfrak{A}$ oder $\mathfrak{B}$ enthält und stärker ist als $\mathfrak{A}$ und $\mathfrak{B}$; sodann in $\mathfrak{R}$ ein und nur ein Glied a so, daß $\mathfrak{A}$ dem Abschnitt bis a, ein und nur ein Glied b so, daß $\mathfrak{B}$ dem Abschnitt bis b ebenbürtig ist. Ob dann a

mit b zusammenfällt, oder b auf a folgt, oder b vor a vorangeht, hängt nur von $\mathfrak{A}$ und $\mathfrak{B}$ ab, nicht davon, welche Rotte $\mathfrak{R}$ zugezogen wird. Haben $\mathfrak{A}$ und $\mathfrak{B}$ kein Stück gemein, so sind $\mathfrak{A}$ und $\mathfrak{B}$ ebenbürtig, wenn a mit b zusammenfällt. Unter derselben Annahme ist, wenn a und b verschieden sind, $\mathfrak{B}$ stärker oder schwächer als $\mathfrak{A}$, je nachdem b auf a folgt oder vor a vorangeht.

Hierauf gestützt, nenne ich, auch wenn $\mathfrak{A}$ und $\mathfrak{B}$ ein Stück oder Stücke gemein haben, $\mathfrak{A}$ und $\mathfrak{B}$ ebenbürtig, $\mathfrak{B}$ stärker als $\mathfrak{A}$, $\mathfrak{B}$ schwächer als $\mathfrak{A}$, je nachdem bei Zuziehung einer Rotte in dieser a mit b zusammenfällt, oder b auf a folgt, oder b vor a vorangeht. Auch hier gilt Nr. 3 Absatz 2. Jede Sammlung oder Rotte ist als sich selbst ebenbürtig zu bezeichnen.

5. Sind $\mathfrak{A}$ und $\mathfrak{B}$ Paare, so sind sie ebenbürtig. Ist $\mathfrak{A}$ ein Paar, $\mathfrak{B}$ aber nicht, so ist $\mathfrak{A}$ schwächer als $\mathfrak{B}$. Sind $\mathfrak{A}$ und $\mathfrak{B}$ ebenbürtig, und ist $\mathfrak{A}$ ein Paar, so ist auch $\mathfrak{B}$ ein Paar.

Ist $\mathfrak{B}$ mit $\mathfrak{A}$ ebenbürtig, stärker als $\mathfrak{A}$, schwächer als $\mathfrak{A}$, so gilt dies auch, wenn $\mathfrak{A}$ durch eine mit $\mathfrak{A}$ ebenbürtige Sammlung oder Rotte ersetzt wird. Ist $\mathfrak{A}$ schwächer als $\mathfrak{B}$, $\mathfrak{B}$ schwächer als $\mathfrak{C}$, so ist $\mathfrak{A}$ schwächer als $\mathfrak{C}$.

Zu jeder Sammlung $\mathfrak{A}$ *gibt es* (d. h. kann man angeben) ebenbürtige Sammlungen, auch solche, die mit $\mathfrak{A}$ kein Stück gemein haben. Sind Sammlungen angegeben, so gibt es eine Sammlung, die stärker ist als alle angegebenen. Zu jeder Sammlung, die kein Paar ist, gibt es schwächere.

6. Sind alle Stücke der Sammlung $\mathfrak{M}$ Stücke der Sammlung $\mathfrak{N}$, aber nicht umgekehrt, so heißt $\mathfrak{M}$ ein *Teil* von $\mathfrak{N}$, $\mathfrak{N}$ eine *Erweiterung* von $\mathfrak{M}$. $\mathfrak{M}$ ist nicht Erweiterung von $\mathfrak{N}$, $\mathfrak{N}$ nicht Teil von $\mathfrak{M}$. $\mathfrak{M}$ ist schwächer als $\mathfrak{N}$, $\mathfrak{N}$ stärker als $\mathfrak{M}$. $\mathfrak{M}$ heißt *kleiner* als $\mathfrak{N}$, $\mathfrak{N}$ *größer* als $\mathfrak{M}$.

Zu jeder Sammlung gibt es größere. Zu jeder Sammlung, die kein Paar ist, gibt es kleinere.

IV. Die natürlichen Zahlen.

Auszug aus GA § 10—15.

1. Es seien irgendwelche Sammlungen angegeben, und es sei ihnen der Sammelname M erteilt. Weiter sei $\mathfrak{Z}$ eine Rotte, die stärker ist als alle M (siehe III, Nr. 5), also keine Paarrotte. Den Gliedern von $\mathfrak{Z}$ erteile ich den Sammelnamen z, dem ersten den Eigennamen e.

Ist dann N eine der Sammlungen M oder überhaupt eine Sammlung, die nicht stärker als $\mathfrak{Z}$ ist, so kann ich unter den auf e folgenden z eines und nur eines, etwa n, so angeben, daß der bis n reichende Abschnitt von $\mathfrak{Z}$ der Sammlung N ebenbürtig ist. Zu diesem Glied der Rotte $\mathfrak{Z}$ führt außer N jede mit N ebenbürtige Sammlung, aber keine andere.

Das Ding n heißt die der Rotte $\mathfrak{Z}$ für die Sammlung N entnommene *Zahl*. Alle z außer e sind als „Zahlen" verwendbar. Umgekehrt kann ich den Vorrat von Zahlen stets den gegebenen Sammlungen M anpassen.

2. Sind die Träger des Sammelnamens D' die Stücke der Sammlung N, so heißt n auch: die der Rotte $\mathfrak{Z}$ entnommene Zahl oder *Anzahl* der Dinge D'. Fallen die Dinge D' unter einen Sammelnamen D, und sind die D' genau diejenigen D, die in einer Sammlung N' vorkommen, so heißt hiernach n auch: die Zahl der in der Sammlung N' enthaltenen Dinge D.

Diese Ausdrucksweise hat man auf den Fall einer Sammlung N', die von den Dingen D nur *eines* enthält, ausgedehnt. Dadurch wird auch das Glied e der Rotte $\mathfrak{Z}$ als Zahl verwendbar. Ich darf nämlich e nennen: die der Rotte $\mathfrak{Z}$ entnommene Zahl der in N' enthaltenen Dinge D. Dabei spricht man von „*den* in N' enthaltenen Dingen D", obwohl es sich nicht um eine Mehrheit solcher Dinge handelt. Man umfaßt also mit der Aussage: die Menge N' enthält Dinge D, *alle* Fälle, wo in der Sammlung N' der Sammelname D vertreten ist.

Für die erste Zahl bedient man sich des Namens *Eins* und des Zeichens 1, für die nächstfolgende des Namens *Zwei* und des Zeichens 2. Die Zahl der Stücke eines jeden Paares ist 2.

3. Nunmehr sind die Glieder der Rotte $\mathfrak{Z}$ ohne Ausnahme Zahlen geworden. Als Glieder einer solchen Rotte können *Einschnitte auf einem Stab* dienen. Ein Einschnitt muß als erster besonders kenntlich gemacht werden; die übrigen Einschnitte werden auf einer und derselben Seite des ersten angebracht, und als nächstfolgendes Glied in der Rotte gilt allemal der zunächst gelegene Einschnitt.

4. War m die Zahl der in der Sammlung N' enthaltenen Dinge D, so sagt man auch: N' enthält m Dinge D, kurz: N' enthält m D. Hierin wird m als *adjektivisches Zahlwort* behandelt.

In diese Ausdrucksweise hat die Sprache den Fall einer Sammlung N', in der *keinem* Stück der Sammelname D zukommt, einbezogen und auch ihn dem Fall, der ursprünglich allein in Betracht kam, angeglichen. Von einer solchen Sammlung sagt man nämlich: N' enthält null Dinge D. Dadurch wird das Wort *null* so in Gebrauch genommen, als *wäre es* ein adjektivisches Zahlwort. Dieses Wort führe ich mittels einer *impliziten Definition* ein, indem ich bloß festsetze, in welchen Aussagen (zunächst) das Wort gebraucht werden darf, und was solche Aussagen bedeuten. Siehe I, § 17 und 18.

Ich kann jetzt von der Sammlung N' unter allen Umständen so sprechen, als wären darin Dinge D enthalten. Der letzte Schritt geschieht, indem man statt: N' enthält null Dinge D, auch sagt: die Zahl der in N' enthaltenen Dinge D ist *Null*. Dadurch wird das Wort „Null" so eingeführt, als wäre es ein *substantivisches Zahlwort*, d.i. Eigenname einer Zahl, also wieder durch implizite Definition. Fünf „null" oder „Null" bedient man sich des Zeichens 0.

5. Die Zahlen, die man der Rotte $\mathfrak{Z}$ entnehmen kann, heißen *natürliche Zahlen*. Sind k und l natürliche Zahlen aus $\mathfrak{Z}$, l später als k, so heißt l *höher* als k, k *niedriger* als l. Jede natürliche Zahl heißt höher als Null.

Die natürlichen Zahlen beginnen mit Eins, Zwei. Die folgenden Zahlen heißen „der Reihe nach": *Drei, Vier, Fünf, Sechs, Sieben, Acht, Neun*. Für diese Zahlen bedient man sich der Zeichen: 3, 4, 5, 6, 7, 8, 9.

Um solche Zahlen zu ermöglichen, muß die Rotte $\mathfrak{Z}$ in Nr. 1 „stark" genug gewählt sein. Das Entsprechende gilt für spätere ähnliche Gelegenheiten.

6. Die Zahlzeichen $0, 1, \ldots, 9$ heißen die *Ziffern*. Die entsprechenden Zahlen kann man *Ziffernzahlen* nennen. Die nächste Zahl nach 9 heißt *Zehn*. Die Zahl der Ziffern ist also Zehn.

Für die nächsten zehn Zahlen nach 9 bildet man Zahlzeichen dadurch, daß man die Ziffern $0, 1, \ldots, 9$ abermals hinschreibt, jedesmal aber die Ziffer 1 voranstellt, also: $10, 11, \ldots, 19$. Nunmehr wird die Ziffer 2 an die Spitze gestellt: $20, 21, \ldots, 29$; dann $3, \ldots$, schließlich 9.

Wir besitzen jetzt Zahlzeichen für die 90 nächsten Zahlen nach 9; das letzte davon ist 99. Wegen der Möglichkeit solcher Zahlen siehe Nr. 5 am Ende.

7. Indem ich vom Sprachgebrauch (siehe Nr. 11, Absatz 2) absehe, kann ich die Zahlzeichen $10, 11, \ldots, 99$ lesen: „Eins Null", „Eins Eins", $\ldots$, „Neun Neun". Da diese Zahlennamen durch „Angaben" von Ziffernzahlen zustande kommen, so will ich sie Ziffernketten nennen, indem ich bestimme, daß jede Kette aus Angaben von Ziffernzahlen, die nicht mit einer Angabe der Null beginnt, eine *Ziffernkette* heißen soll, und zwar eine *n-stellige*, wenn sie aus n Angaben besteht.

Wie in GA § 12 vor der Aufstellung von Def. 38 begründet wird, kann man nicht bloß von konformen Rotten, sondern auch von *konformen Ketten* sprechen. Es sei nämlich $\mathfrak{N}$ die Kette der Angaben A, $\mathfrak{N}'$ die der Angaben A', und es sei die Zahl der A dieselbe wie die der A'. Ist dann in $\mathfrak{N}$ der Gegenstand einer jeden Angabe derselbe wie der Gegenstand der Angabe, die in $\mathfrak{N}'$ „an der gleichen Stelle steht" (GA § 12, Def. 35), so heißt die Kette $\mathfrak{N}$ konform mit der Kette $\mathfrak{N}'$.

Die Verwendung der Ziffernketten als Zahlennamen hat zur Voraussetzung, daß statt jeder Ziffernkette eine konforme genommen werden kann.

8. Die nächste Zahl nach 99 heißt *Hundert*. Die Zahl der Zahlen von 0 bis 99 ist also Hundert.

Um Zahlzeichen von Hundert an zu schaffen, stelle man den Ziffern 0, 1, ..., 9 das Zeichen 10 voran, dann 11, dann 12, ..., schließlich 99, also: 100, 101, ..., 999. An den Zahlzeichen bis 999 beobachtet man nun für den Übergang von einer Zahl zur nächsthöheren folgendes Gesetz: Wenn das Zahlzeichen nicht aus lauter Neunen besteht, so ersetzt man darin, um das Zeichen der nächsthöheren Zahl zu erhalten, die letzte (oder einzige) von 9 verschiedene Ziffer durch die nächsthöhere Ziffer, jede etwa folgende 9 durch 0; wenn das Zahlzeichen nur aus Neunen bestand, so ersetzt man jede 9 durch 0 und stellt 1 an die Spitze. Geht man *allgemein* nach diesem Gesetz von Ziffernkette zu Ziffernkette weiter, so treten nach GA § 15, Lehrs. 110, keine konformen Ziffernketten auf; man kann daher die gewonnenen Ziffernketten zur Bezeichnung von Zahlen benutzen, ohne befürchten zu müssen, daß verschiedene Zahlen denselben Namen oder dasselbe Zeichen erhalten.

9. Für jede Zahl aus $\mathfrak{Z}$ wird hiernach mittels der Ziffern ein Zeichen und aus dem Zeichen ein Name gewonnen. Durch die Ziffernketten kann man also das Bedürfnis nach Zahlzeichen in jedem vorkommenden Fall befriedigen (siehe Nr. 1). Umgekehrt: Jede nach Belieben hergestellte Ziffernkette wird als Zahlzeichen verwendbar, wenn ich $\mathfrak{Z}$ „stark" genug wähle; siehe Nr. 5 am Ende und GA § 15, Lehrs. 116.

Die Zahlen von 1 bis 9 heißen *einstellig*. Eine Zahl, deren Zeichen r-stellig ist (Nr. 7), heißt eine *r-stellige Zahl*. Es gibt Zahlen von beliebiger Stellenzahl (GA § 15, Lehrs. 115).

Sind zwei Zahlen nicht gleichstellig, so ist die die höhere, deren Stellenzahl die höhere ist (GA § 15, Lehrs. 114). Von zwei gleichstelligen Zahlen, die nicht mit derselben Ziffer anfangen, ist die die höhere, die mit der höheren Ziffer anfängt. Von zwei gleichstelligen Zahlen, die mit derselben Ziffer anfangen, ist die die höhere, die nach Streichung der ersten Ziffer in beiden Zahlen sich als die höhere erweist. Siehe GA § 15, Lehrs. 117.

10. Das Verfahren, bei dem aus gewissen einfachen Zahlzeichen alle höheren zusammengesetzt werden, heißt ein *Positionssystem*; die Zahl der einfachen Zahlzeichen heißt die *Grundzahl* des Systems. Das oben mit Zehn als Grundzahl entwickelte Verfahren, das zur allgemein gebräuchlichen Zahlenschreibung führt, heißt das *dekadische System* (Dezimalsystem); die entsprechenden Zahlwörter usw. heißen *dekadische Zahlwörter, Zahlzeichen, Zahlennamen*, auch wohl geradezu: dekadische Zahlen.

Die natürlichen Zahlen.

11. Bei der hier aus den „Grundlagen der Analysis" (1909), § 15, übernommenen Erklärung des dekadischen Systems habe ich nur den Begriff der Kette und die mit ihm eng zusammenhängenden Begriffe, also nur sog. *kombinatorische Begriffe*, benutzt. Die übliche, geschichtlich begründete Erklärung dagegen benutzt außerdem — wenn nicht ausgesprochener Weise, so doch tatsächlich — Addition und Multiplikation, so daß der Erklärung die Lehre von Summe und Produkt vorausgeschickt werden müßte. Wie man aus der in GA und hier gegebenen Darstellung ersieht, ist der auf Addieren und Multiplizieren gegründete Bestandteil der üblichen Erklärung entbehrlich und der kombinatorische Bestandteil ausreichend[1].

Allerdings wird, wenn man sich auf den kombinatorischen Bestandteil der Erklärung und mithin auf die in Nr. 7 angedeutete Lesung der Zahlen beschränkt, die übliche Lesung der Zahlen noch nicht verständlich. Doch ist diese Lesung für die Arithmetik ohne Bedeutung; überdies ist sie in ihrer Ausführbarkeit begrenzt. Vgl. GA § 24, Lehrs. 188 und Def. 86.

12. Im Laufe der Betrachtung ist die Rotte $\mathfrak{Z}$, die doch der Ausgangspunkt war, ganz in den Hintergrund getreten. Es war nicht mehr davon die Rede, welche *Dinge* ursprünglich als Glieder der Rotte und mithin als Zahlen gewählt waren oder bei der allmählichen Erweiterung der Rotte benutzt werden. Vielmehr wurde nur dafür gesorgt, daß das Bedürfnis nach Namen und Zeichen für Zahlen in jedem Umfang befriedigt würde.

In der Tat darf man, wenn die Namensgebung für die natürlichen Zahlen gesichert ist, ganz davon absehen, welche Dinge dahinter stehen mögen; man braucht nur die *Namen* dieser Dinge festzuhalten, um das zu erreichen, was mit den natürlichen Zahlen bezweckt wird: die Feststellung, ob eine Sammlung einer anderen ebenbürtig ist, ob sie stärker ist als die andere, ob schwächer. Zu einer solchen Feststellung war ursprünglich (III, Nr. 3) unmittelbares Zuordnen, unter Umständen (III, Nr. 4) ein zusammengesetztes Verfahren erforderlich. Mittels der Zahlwörter wird alles auf das Verfahren des *Zählers* (GA § 14) zurückgeführt.

---

[1] Auch Herr Pringsheim läßt in seinen „Vorlesungen über Zahlenlehre, I. Abteilung" (1916) die dekadische Ziffernschrift aus bloß kombinatorischen Vorstellungen hervorgehen; siehe dort S. VII und 4ff. Wie Herr Pringsheim mir mitteilt, hat er sein Verfahren schon lange vor der Veröffentlichung in Vorlesungen benutzt. Meine Herleitung der dekadischen Ziffernschrift in den „Grundlagen der Analysis" (1909) und hier ist jedoch eine in ihrem Wesen ganz andere. Sie ist nicht, wie bei Herrn Pringsheim, gleich an den Eingang der Arithmetik gestellt, vielmehr sind vorher die kombinatorischen Begriffe und Sätze aufgedeckt und bearbeitet worden. Daß dies notwendig war, habe ich hier in der Einleitung ausführlich begründet.

Schlußbetrachtung.

In den Abschnitten I—IV der vorliegenden Schrift wurde das ausgeführt, was in der Einleitung angekündigt war: von Kernbegriffen und Kernsätzen aus wurden auf dem Wege über gewisse Zwischenglieder die Zahlen im eigentlichen Sinn — die natürlichen Zahlen — und schließlich noch die dekadischen Namen dieser Zahlen erreicht, und zwar so, daß jedes Zwischenglied einzeln zu erkennen war. Ob der gewählte Weg durch einen kürzeren, aber nicht weniger sicheren ersetzt werden kann, lasse ich dahingestellt. Wege, deren Kürze durch Lückenhaftigkeit zustande kommt, sind oft genug eingeschlagen worden.

Die in Abschnitt I aufgetretenen Kernbegriffe und Kernsätze sind in Abschnitt II besonders herausgehoben. Die Sammlung der Kernsätze bildet den „Kern" der Zahlenlehre; daneben möchte ich mich für die Sammlung der Kernbegriffe der Bezeichnung „Begriffskern" bedienen. Aus Abschnitt II ergibt sich als Begriffskern der Zahlenlehre: *Ding, Eigenname* eines Dings; *Geschehnis*, insbesondere *Angabe* eines Dings; *Sammelname* von angegebenen Dingen; früheres und späteres oder *vorangehendes* und *folgendes* Geschehnis; *unmittelbares Folgen*; *Kette* von Geschehnissen. Wenn dieser Begriffskern mit meiner früheren Aufstellung[1] nicht ganz genau übereinstimmt und überdies die Sammlung der Kernsätze in Abschnitt II mehrfach über die frühere hinausgreift, so wurde dies durch Erwägungen bedingt, die sich mir je länger je mehr aufgedrängt haben. Während der Ausarbeitung der „Grundlagen der Analysis" trat mir die Notwendigkeit solcher Erwägungen schon entgegen; ich mußte mich aber damals darauf beschränken, an geeigneten Stellen (§ 1 Nr. 4 Abs. 3, Bem. zu Def. 104, 123, 125, 126) Hinweise einzufügen. Bei der Arbeit an dem Buch „Veränderliche und Funktion" war ich von Anfang an bemüht, zu jenen Fragen — sie werden als *Entscheidbarkeitsfragen* bezeichnet — Stellung zu nehmen; das Ergebnis dieser Durchprüfung habe ich am Schluß des Buchs, in den §§ 74—76, dargelegt[2]. Die so erworbene Überzeugung von der Unabweisbarkeit jener Fragen war bahnweisend bei der Abfassung der vorliegenden Schrift.

In der Einleitung habe ich die Frage nach der inneren Folgerichtigkeit der Zahlenlehre erörtert. Ich zeigte, daß diese Frage nur erledigt werden kann, wenn man die Zahlenlehre auf einen Kern zurückführt. Die

---

[1] Grundlagen der Analysis, S. 1—7; Veränderliche und Funktion, S. 1—4. In diesen Schriften sind noch die Bezeichnungen „Grundbegriffe" und „Grundsätze" gebraucht.

[2] Siehe auch: Jahresbericht der deutschen Mathematiker-Vereinigung 1918, **27**, S. 228—232.

Ermittelung eines solchen Kerns bezeichnete ich als die Hauptaufgabe dieser Schrift und behauptete im voraus, daß die in den Kern aufzunehmenden Vorstellungen die Eigenschaft der äußersten Einfachheit mit der Eigenschaft, nicht bloß für die Zahlenlehre und überhaupt für die Mathematik, sondern weit über deren Grenzen hinaus unentbehrlich zu sein, verbinden würden. Ob diese vorgreifende Versicherung berechtigt war, muß die Durchsicht von Abschnitt I ergeben, da Abschnitt II nur eine Übersicht über das Vorhergehende bildet und der Inhalt der Abschnitte III und IV lediglich daraus abgeleitet ist. Wenn man nun den in Abschnitt I zurückgelegten Weg nochmals durchwandert und die auf ihm aneinander gereihten Vorstellungen einzeln ins Auge faßt, so wird man in der Tat zugeben müssen, daß keine dieser Vorstellungen aus dem wissenschaftlichen oder selbst dem alltäglichen Denken ausgeschaltet werden kann. An verschiedenen Stellen habe ich auf die alltäglichen Vorgänge ausdrücklich hingewiesen, so besonders in § 4 Nr. 13, § 13 Nr. 56, § 14 Nr. 59.

Die Erkenntnisse, die ich für die Zwecke der Zahlenlehre zu einem „Kern" vereinigt habe, darf ich somit als allgemein unentbehrliche, insbesondere für die Zahlenlehre *notwendige* bezeichnen. Diese Erkenntnisse sind für die Zahlenlehre zugleich *hinreichend*. Denn sie führen, wie ich in der vorliegenden Schrift gezeigt habe, zum Inhalt des ausschlaggebenden Abschnitts der „Grundlagen der Analysis", der die ersten 15 Paragraphen umfaßt; daraus aber — und daraus allein — konnte in dem erwähnten Buch alles weiter Erforderliche abgeleitet werden. In dem als notwendig und hinreichend bezeichneten Kern kommt die „Zahl" noch nicht vor; sie wird erst aus dem Kern auf dem im Buch vorgezeichneten Wege herausgearbeitet. Die herkömmliche Ansicht, wonach die Zahl mehr oder weniger fertig an die Spitze gestellt werden darf, kann nur fortbestehen, wenn man die Rolle, die die kombinatorischen und damit überhaupt die hier herausgehobenen Kernbegriffe spielen, nicht würdigt. Die Bedenken gegen diesen Standpunkt habe ich in der Einleitung ausgesprochen. Es ist bezeichnend, daß die Bearbeitungen der Analysis immer von neuen abgelöst werden, die von Grund aus anders verfahren, als die vorhergehenden.

Das Zurückgehen auf einen Kern ist nicht bloß deshalb eine notwendige Arbeit, weil man der Mathematik nur dadurch das Gepräge einer deduktiven Wissenschaft bewahrt, nur dadurch zu einer Begründung für das Vertrauen in ihre innere Folgerichtigkeit, zu einem Urteil über ihre unbedingte Zuverlässigkeit gelangt. Vielmehr wird überhaupt erst durch diese Arbeit für die Untersuchungen über Mathematik, die für die Zwecke einer allgemeinen Denkwissenschaft angestellt werden, der Boden

Schlußbetrachtung.

bereitet. Hierher gehört die Frage nach dem Verhältnis der Mathematik zur Erfahrung. Dieses Verhältnis ist in der Geometrie in ganz anderem Maße ausgeprägt, als in der Zahlenlehre, wo Anhaltspunkte dafür kaum zutage treten, solange man sich nicht zur genauesten Zergliederung des Stoffs entschließt. Bei der Zergliederung aber ergeben sich die Anhaltspunkte von selbst. Ich mußte ihnen in Abschnitt I begegnen und konnte dort in der Tat mehrfach darauf hinweisen, wie unsere Kernsätze aus Beobachtungen herauswachsen, so in § 3 Nr. 10, § 4 Nr. 12, § 7 Nr. 23, § 8 Nr. 27, § 10 Nr. 35 und 39, § 13 Nr. 55 und 56, § 14 Nr. 59, § 16 Nr. 68. Ich glaube danach, die in „Veränderliche und Funktion" S. 3 ausgesprochene Ansicht über den Zusammenhang der Zahlenlehre mit der Erfahrung aufrechterhalten zu dürfen.

Sachverzeichnis.

Abschnitt 31.
Abschreiten einer Rotte 22, — rückwärts 32, Beweis durch — 26, abschreitbare Aussage 27.
Angabe eines Dinges 7.
Anordnungs—begriffe, —lehre III.
Anzahl 44.
Definition, implizite 29.
Ding 6.
Eigenname 6.
Entscheidbarkeitsfragen 48.
Folgerichtigkeit, innere 1.
früher 8.
Geschehnis 7.
Grundzahl 46.
Induktion 27.

Kern, —begriffe, —satze 1.
Kette von Geschehnissen 17, Paarkette 18.
Kombinatorik (s. auch Anordnungslehre) 3.
konform 20.
Rotte 18, Nachbar— 20, Paar— 20.
Sammelname 7.
Sammlung 27, ebenbürtige, stärkere, schwächere 42.
spater 8.
Stamm, —sätze 1.
unmittelbar folgen, vorhergehen 12.
Zahl, —wort 44, natürliche — 45.
Ziffer, —nkette, —nzahl 45.
Zuordnung, totale, exzessive, defektive 42.
zwischen 11.

Verlag von Julius Springer / Berlin

Grundzüge der theoretischen Logik. Von D. Hilbert, Geh. Regierungsrat, Professor an der Universität Göttingen, und W. Ackermann, Göttingen. VIII, 120 Seiten. 1928. RM 7.60; gebunden RM 8.80
(Band 27 der „Grundlehren der mathematischen Wissenschaften".)

Einleitung in die Mengenlehre. Von Dr. phil. Adolf Fraenkel, ord. Professor an der Universität Kiel. Dritte, umgearbeitete und stark erweiterte Auflage. Mit 13 Abbildungen. XIV, 424 Seiten. 1928.
RM 22.60; gebunden RM 24.—
(Band 9 der „Grundlehren der mathematischen Wissenschaften".)

Die mathematische Methode. Logisch-erkenntnistheoretische Untersuchungen im Gebiete der Mathematik, Mechanik und Physik. Von Otto Hölder, o. Professor an der Universität Leipzig. Mit 235 Abbildungen. X, 563 Seiten. 1924. RM 26.40

Die Arithmetik in strenger Begründung. Von Otto Hölder, o. Professor an der Universität Leipzig. Zweite Auflage. V, 73 Seiten. 1929.
RM 3.60

Die Grundlagen der ägyptischen Bruchrechnung. Von Dr. O. Neugebauer, Assistent am Mathematischen Institut der Universität Göttingen. Mit 6 Tafeln. VI, 46 Seiten. 1926. RM 7.50

Über das Denken und seine Beziehung zur Anschauung. Von Paul Hertz, a. o. Professor an der Universität Göttingen. Erster Teil: Über den funktionalen Zusammenhang zwischen auslösendem Erlebnis und Enderlebnis bei elementaren Prozessen. X, 167 Seiten. 1923. RM 4.20

Allgemeine Erkenntnislehre. Von Moritz Schlick. Zweite Auflage. X, 375 Seiten. 1925. RM 18.—
(Band 1 der „Naturwissenschaftlichen Monographien und Lehrbücher". Herausgegeben von der Schriftleitung der „Naturwissenschaften".)

Von Zahlen und Figuren. Proben mathematischen Denkens für Liebhaber der Mathematik. Von Dr. H. Rademacher, Professor der Mathematik an der Universität Breslau, und Dr. O. Toeplitz, Professor der Mathematik an der Universität Bonn a. Rh. Mit etwa 130 Textfiguren. Etwa 176 Seiten. Etwa RM 8.80
Erscheint im Juni 1930.

If you have any concerns about our products,
you can contact us on
ProductSafety@springernature.com

In case Publisher is established outside the EU,
the EU authorized representative is:
**Springer Nature Customer Service Center GmbH
Europaplatz 3, 69115 Heidelberg, Germany**

Printed by Libri Plureos GmbH
in Hamburg, Germany